中等职业教育规划教材
全国建设行业中等职业教育推荐教材

建筑工程施工质量验收

（工业与民用建筑专业）

主　编　张永辉
参　编　沈民康　陈道义

中国建筑工业出版社

图书在版编目(CIP)数据

建筑工程施工质量验收/张永辉主编.—北京：中国建筑工业出版社，2005（2022.1重印）
中等职业教育规划教材. 全国建设行业中等职业教育推荐教材. 工业与民用建筑专业
ISBN 978-7-112-07587-4

Ⅰ. 建⋯ Ⅱ. 张⋯ Ⅲ. 建筑工程-工程验收-专业学校-教材 Ⅳ. TU712

中国版本图书馆 CIP 数据核字（2005）第 109034 号

中 等 职 业 教 育 规 划 教 材
全国建设行业中等职业教育推荐教材
建筑工程施工质量验收
（工业与民用建筑专业）

主　编　张永辉
参　编　沈民康　陈道义

*

中国建筑工业出版社出版、发行（北京西郊百万庄）
各地新华书店、建筑书店经销
北京红光制版公司制版
北京建筑工业印刷厂印刷

*

开本：787×1092 毫米　1/16　印张：8¼　字数：200 千字
2005 年 11 月第一版　2022 年 1 月第十九次印刷
定价：16.00 元
ISBN 978-7-112-07587-4
(20936)

版权所有　翻印必究
如有印装质量问题，可寄本社退换
（邮政编码 100037）

本书是根据建设部关于中等职业学校工业与民用建筑专业毕业生培养规格、专业教学计划、课程大纲以及国家现行规范编写的。全书共七章，内容包括：概述、建筑工程施工质量验收的基本规定、地基与基础工程施工质量验收、砌体工程施工质量验收、混凝土结构工程施工质量验收、建筑装饰装修工程施工质量验收、屋面工程施工质量验收。

本书为建设行业中等职业教育推荐教材，可作为同类学校相关专业的教材或教学参考书，也可供建筑企业施工技术人员、管理人员参考。

* * *

责任编辑：朱首明　陈　桦
责任设计：赵　力
责任校对：刘　梅　关　健

前　　言

本教材是为了适应工业与民用建筑专业教学改革之需要，根据《面向 21 世纪教育振兴行动计划》提出的实施职业教育课程改革思路和《中等职业学校工业与民用建筑专业培养方案》提出的培养目标、毕业生适应的业务范围以及本专业课程教学大纲等要求编写的。

本教材着重介绍建筑工程施工质量验收的基本规定（包括质量验收的依据、强制性条文的概念、技术标准的分类等）、建筑工程质量验收的划分原则及合格判定条件、质量验收的程序和组织、建筑工程质量验收主要用表的填写方法与要求等。并结合建筑工程主要分部工程中常见分项工程，逐一介绍相应的质量验收标准、检查数量与验收方法。在教材内容的取舍上，注意针对性，坚持必需够用的原则；在教材内容的组织和表达上，力求既注重知识内在逻辑联系，又注意对学生逻辑思维能力的训练。同时，为使教材内容与生产实践同步，充分反映现行国家标准、行业标准，认真贯彻有关技术政策，本教材编写过程中努力做到理论联系实际，书中列举的验收用表均与工程实际用表一致，体现了较强的实用性。

本教材由上海市建筑工程学校张永辉（第二、三章）、云南省建筑工程学校陈道义（第四、五、七章）、上海市建筑工程学校沈民康（第一、六章）编写，张永辉任主编。全书由攀枝花市建筑工程学校杜逸玲主审，并提出修改意见。

本书编写过程中还得到上海建峰职业技术学院诸葛棠副院长的指导及各方面的大力支持和帮助，谨此表示衷心感谢。

因编者水平有限，书中疏漏不妥之处难免，恳请读者批评指正。

目 录

第一章 概述 ··· 1
- 第一节 本课程研究的对象、任务、内容和教学方法 ········· 1
- 第二节 建筑工程质量验收的重要性 ·································· 1
- 第三节 我国建筑工程质量监督管理制度和验收标准的演变 ········· 2
- 复习思考题 ·· 6

第二章 建筑工程施工质量验收的基本规定 ···························· 7
- 第一节 建筑工程施工质量验收规范体系 ···························· 7
- 第二节 建筑工程施工质量验收的基本规定 ························ 9
- 第三节 建筑工程施工质量验收的划分 ······························ 12
- 第四节 建筑工程施工质量验收合格规定 ·························· 18
- 第五节 建筑工程施工质量验收程序和组织 ······················ 21
- 第六节 建筑工程施工质量验收主要用表及填写说明 ········ 22
- 第七节 建筑工程施工质量检验的主要方法及器具 ············ 38
- 复习思考题 ·· 39

第三章 地基与基础工程施工质量验收 ·································· 40
- 第一节 地基处理 ·· 40
- 第二节 桩基础 ·· 45
- 第三节 土方工程 ·· 54
- 第四节 基坑工程 ·· 56
- 复习思考题 ·· 64

第四章 砌体工程施工质量验收 ·· 65
- 第一节 基本规定 ·· 65
- 第二节 砌体材料 ·· 65
- 第三节 砖砌体工程 ·· 66
- 第四节 混凝土小型空心砌块砌体工程 ····························· 67
- 第五节 配筋砌体工程 ··· 69
- 第六节 填充墙砌体工程 ··· 70
- 第七节 砌体工程子分部工程验收 ·································· 71
- 复习思考题 ·· 72

第五章 混凝土结构工程施工质量验收 ·································· 73
- 第一节 基本规定 ·· 73
- 第二节 模板分项工程 ··· 74
- 第三节 钢筋分项工程 ··· 76

  第四节 混凝土分项工程 ………………………………………………… 80
  第五节 现浇结构分项工程 ……………………………………………… 83
  第六节 混凝土结构子分部工程 ………………………………………… 86
  复习思考题 ………………………………………………………………… 87
第六章 建筑装饰装修工程施工质量验收 ……………………………………… 88
  第一节 地面工程 ………………………………………………………… 88
  第二节 抹灰工程 ………………………………………………………… 93
  第三节 门窗工程 ………………………………………………………… 96
  第四节 吊顶工程 ………………………………………………………… 102
  第五节 饰面板（砖）工程 ……………………………………………… 104
  第六节 涂饰工程 ………………………………………………………… 107
  复习思考题 ………………………………………………………………… 109
第七章 屋面工程施工质量验收 ………………………………………………… 111
  第一节 基本规定 ………………………………………………………… 111
  第二节 卷材防水屋面工程 ……………………………………………… 111
  第三节 涂膜防水屋面工程 ……………………………………………… 116
  第四节 刚性防水屋面工程 ……………………………………………… 117
  第五节 细部构造 ………………………………………………………… 119
  第六节 分部工程验收 …………………………………………………… 120
  复习思考题 ………………………………………………………………… 121
参考文献 ……………………………………………………………………………… 123

第一章 概 述

第一节 本课程研究的对象、任务、内容和教学方法

建筑工程施工质量验收是一门专业性、规范性和时效性很强的课程，它面对中等职业学校在校的工业与民用建筑专业学生，介绍现行（2001年以后）建筑工程施工质量验收国家标准的主要内容及其实际应用的基本知识。限于课时和教材篇幅要求，重点介绍土建工程及其一般施工项目常见或常用的工程内容。

建筑工程施工质量验收课程是工业与民用建筑专业的一门专业技术课，课程内容及要求涉及学生毕业以后参加建筑工程施工项目现场一线管理或操作岗位必不可少的基本知识和基本技能。

建筑工程施工质量验收课程的综合性很强，它与建筑工程测量、建筑材料、建筑施工机械设备、建筑构造、建筑力学、建筑结构、施工技术和工艺、施工组织与管理、工程预算等课程有着密切的关系，因此要学好本课程，必须具备上述各门课程的基本知识或技能。同时通过本课程的学习和实训，也可以起到对有关课程的强化、完善或补充作用。

建筑工程施工质量验收课程又是一门实践性很强的课程，学习中必须坚持理论联系实际的学习方法，尽可能采用直观教学手段。除在课堂学习基本概念、基本知识外，还必须加强实践性教学环节，如组织现场参观，安排生产实习，到施工现场或模拟的工程现场，参加典型的分部、分项工程实体施工质量的检验和有关验收表的填写、资料的审核和整理等，以培养学生具有参加施工质量验收实际操作的基本知识和初步能力。

第二节 建筑工程质量验收的重要性

任何事物都是质和量的统一，有质才有量，绝不存在没有质量的数量，也不存在没有数量的质量。质量反映了事物的本质和特性，是前提；而数量则是反映了事物存在和发展的规模、程度、速度、水平等。没有质量，就没有数量、品种、效益，就没有工期、成本和信誉。所以，建筑工程项目的质量是工程项目建设的核心，是决定工程建设项目成败的关键，是实现三大控制目标（质量、投资、进度）的重点。

建筑工程项目投资和耗费的人工、材料、能源都相当大，投资者付出巨大的投资，要求获得理想的、满足适用要求的工程产品，以期在预定时间内能发挥作用，满足社会经济建设和物质文化生活需要。如果工程质量差，不但不能发挥应有的效用，而且还会因质量、安全等问题影响国计民生和社会环境的安全。

建筑施工项目质量的优劣，不但关系到工程的适用性，而且还关系到人民生命财产的安全和社会安定。因为施工质量低劣，造成工程质量事故或潜伏隐患，其后果是不堪设想的。同时，工程质量的优劣，还会直接影响国家经济建设的速度。工程质量差本身就是最

大的浪费，低劣的质量一方面需要大幅度增加返修、加固、补强等人工、器材、能源的消耗，另一方面还将会给用户增加使用过程中的维修、改造费用。同时，低劣的质量必然缩短工程的使用寿命，使用户遭受经济损失。此外，质量低劣还会带来其他的间接损失（如停工、降低使用功能、减产等），给国家和使用者造成浪费，损失将会更大。

建筑工程项目质量的好坏是决策、勘察、设计、施工、监理等单位各方面、各环节工作质量的综合反映。项目的可行性研究直接影响项目的决策质量和设计质量。工程项目设计，是根据项目决策阶段已确定的质量目标和水平，通过工程设计使其具体化。设计在技术上是否可行、工艺是否先进、经济是否合理、设备是否配套、结构是否安全可靠等，都将决定着工程项目建成后的使用价值和功能。因此，设计阶段是影响项目质量的关键环节。工程项目施工阶段，是根据设计文件和图纸的要求，通过施工形成工程实体，这一阶段直接影响工程的最终质量。因此，施工阶段是工程质量控制的决定性环节。

建筑工程的施工阶段，往往呈现出施工周期长，多专业、多工种、多工序在同一项目上交叉作业，隐蔽工程多，影响工程质量的因素多（人员、材料、机具、方法、环境等），变化大等特点。因此，建筑工程施工阶段的质量控制难度是很大的，反映在工程施工质量的监督管理方面，就需要采取和一般工业产品生产过程不一样的方式，即国家和各级地方政府责成建设行政主管部门，直接实施对建设工程项目的监督管理。建设单位或业主委托专业的工程监理单位或人员，实施工程项目施工工程的全方位、全天候、全过程的质量监理。而在其中，由勘察单位、设计单位、建设及监理单位、施工单位等共同参加的检验批、分项工程、分部工程和单位工程的施工质量验收成为最重要的控制环节。

第三节 我国建筑工程质量监督管理制度和验收标准的演变

中华人民共和国成立后，随着社会和经济的发展，建设工程质量监督管理制度和检验标准也随着计划经济向市场经济的逐步转变而演变。

一、以施工单位为主的单一质量检验制度

20世纪建国初期到50年代末，我国建设工程质量监督管理实行的是单一的施工单位内部质量检验制度。

新中国成立以后，我国实行的是高度集中的计划经济体制。社会主义公有制占国民经济的主导地位，工程建设的目的是建立完整的国民经济体系，不断改善人民物质文化生活。工程建设各参与者的根本利益基本一致。建设领域的建筑生产长期被认为是"来料加工"活动，是单纯消费国家投资和建筑材料的行为，而未表现其物质生产的本质和商品交易的属性。长期以来形成了一种自然经济色彩浓厚的工程建设管理格局：建设投资由政府行政部门按条块层层拨付，施工任务由政府下达给建筑工程局，并由其按计划和行政区域向所属的建筑企业直接下达；主要建筑材料采取随钱走的供应方式，由建设单位（实际上是政府）向各工程项目按需调拨。在这种格局中，建设、施工、设计单位只是被动的任务执行者，是行政部门的附属物。因此，政府对建设参与各方的工程建设活动，采取的是单向的行政管理，即按行政系统对下属的工作管理。同时，在工程建设的实施中，由于工程费用采取实报实销方式，不计盈亏，工程建设参与各方关注的重点是工程进度和质量。当

时我国没有自己的建筑工程质量检验评定标准等，只能参照前苏联工程建设质量监督的经验，每个建设工程临时组建由建设单位（习惯上称甲方）和施工单位（习惯上称乙方）共同领导的技术监督部门，质量监督和验收的主要依据是设计单位提供的施工图纸和从前苏联引进的施工验收规范。而建设单位及其有关人员又大多不熟悉建筑专业，因而建设工程质量的监督管理和验收，实际上是以建筑施工企业为主。

二、第二方质量验收检查制度

由于单一的施工单位内部质量检查制度使工程施工和质量检查工作在同一个施工企业领导之下，当工期、产量与质量要求产生矛盾时，往往会牺牲质量，使工程质量不能有效控制。1958~1962年，第二个五年计划期间，经国家建工部向中央建议决定，对工程项目的质量监督检查工作，实施由施工单位建立独立的质量检查管理机构负责自控，建设单位负责以隐蔽工程验收为主的质量监督检查制度，在一定程度上形成了建设单位和施工企业相互制约，联手控制质量的局面。从而我国工程质量监督管理从原来单一的施工单位内部质量检查制度进入到第二方建设单位质量验收检查制度。

1961~1965年，在国民经济调整阶段，建工部加强了工程质量监督管理工作，制定颁发了《建筑安装工程技术监督工作条例》，要求建筑安装企业必须建立独立的技术监督机构，加强对施工全过程的技术监督，对每一工序实行自检、互检、交接检验制度，尽量把不合格工程消灭在施工过程之中；1966年5月，原建筑工程部正式批准颁布了我国第一本建筑安装工程质量检验评定标准，即GBJ22—66，使建筑安装工程质量检验评定达到检验项目、检测工具、检验方法和评定标准的四统一，使全国各地的质量评定结果具有可比性；也方便了建设单位的工程指挥部加强对施工单位施工质量的验收检查。

1974年，原国家基本建设委员会组织了对GBJ22—66的修订工作，并使之上升为国家标准，即TJ301—74等五项标准，使质量检验评定工作更趋完善。但是在1967~1976年期间，规章、制度、规定、标准等，往往当作"管、卡、压"而被批判，执行不力，工程质量普遍下降，这种情况直到20世纪70年代末才逐步拨乱反正，有所好转。

三、政府建设工程质量监督制度的形成

20世纪80年代以后，我国进入了改革开放的新时期。建设领域的工程建设活动发生了一系列重大变化：投资开始有偿使用，投资主体开始出现多元化；建设任务实行招标承包制；施工单位摆脱行政附属地位，向相对独立的商品生产者转变；工程建设参与者之间的经济关系得到强化，追求自身利益的趋势日益突出。这种格局的出现，使得原有的工程建设管理体制越来越不适应发展的要求，单一的施工单位内部质量检查制度与第二方建设单位质量验收检查制度，由于各自经济利益的冲突已经无法保证基本建设新高潮对建设工程质量控制的需要。

建设规模的迅速扩大，使刚刚发育的建筑市场矛盾迭起。急剧膨胀的勘察、设计、施工队伍以及中国特殊的业主建设单位，导致建筑市场总体技术素质下降，管理脱节，并在宏观管理上出现真空。工程建设单位缺乏自我约束；勘察、设计、施工单位内部管理失控，粗制滥造，偷工减料；政府缺乏强有力的监督制约机制，从而工程质量隐患严重，坍塌事故频频发生，使用功能无法保证。为改变我国工程质量监督管理体制存在的严重缺陷与不足，1984年9月，国务院颁发《关于改革建筑业和基本建设管理体制若干问题的暂行规定》，决定在我国实行工程质量监督制度："改革工程质量监督办法，在地方政府领导

下，按城市建立有权威的工程质量监督机构，根据有关法规和技术标准，对本地区的工程质量进行监督检查。"接着，原国家城乡建设和环境保护部先后下发了《建设工程质量监督条例》和《建设工程质量监督暂行规定》等规范性文件，具体规定了工程质量监督机构的工作范围、监督程序、监督性质、监督费用和机构人员编制，初步构成了我国现行的政府工程质量监督制度。1984年2月，北京、上海等直辖市和各省、市、地县质量监督机构陆续启动，全国铁路、水利、港口、冶金、民防、化工、石化、铁路、电力、园林、市政等专业工程质量监督站也逐步开展工作。

建设工程质量政府第三方监督制度的建立，标志着我国的工程建设质量监督管理由原来的单向政府行政管理向政府专业技术质量监督转变，由仅仅依赖施工企业自检自评、建设单位第二方验收检查，向第三方政府质量监督和施工企业内部自控及建设单位第二方检查相结合转变。这种转变，使我国工程建设质量监督管理体制向前迈进了一大步。

四、社会监理的加入

随着改革的不断深化和商品经济的发展，20世纪80年代后期，一种对工程建设活动较全面、较完善的社会监督方式开始出现了，这就是建设工程监理制度。在建设工程上，由建设单位委托具有专业技术专家的监理公司按国际合同惯例委派监理工程师，代表建设方进行现场综合监督管理，对工程建设的设计与施工方的质量行为及其效果进行监控、督导和评价；并采取相应的强制管理措施，保证建设行为符合国家法律、法规和有关标准。监理单位的主要工作内容是：①发布开工令、控制工程进度；②审核设计图纸和技术资料；③检查各种原材料、设备的规格、试验报告、质量；④审批承包商的施工方法、工艺和临时设施；⑤检查监督安全文明施工；⑥检查监督施工质量；⑦进行隐蔽工程验收；⑧参与工程验收；⑨评估工程质量等级；⑩拟写工程监理报告。目前，我国外资工程、中外合资工程、政府重大工程、重点工程和住宅建设工程项目，都已实施建设监理，对保证工程质量取得了良好效果。政府对建设工程质量监督有了监理单位社会监督的扎实基础，标志着我国工程建设质量监督体制开始走向更完善的政府监督和社会监理相结合阶段。

1988年11月建设部发布国家标准《建筑安装工程质量检验评定统一标准》GBJ300—88等六项验评标准，自1989年9月1日起施行，原国家标准TJ301—74等五项标准同时废止。

2000年前，建设工程质量监督制度的主要方式及内容是三步到位核验，即在基础、主体结构阶段必须由工程质量监督机构到位核验，签发核验报告才能继续施工，竣工阶段必须由工程质量监督机构到位核验单位工程质量等级，签发"建设工程质量等级证明书"，未经质量监督机构核验或核验不合格的工程，不准交付使用。随着我国经济体制改革的深化和市场经济体制的逐步建立，上述建设工程质量监督运行方式出现了诸多矛盾和问题，其核心问题是工程质量监督制度的运作方法与社会主义市场经济体制客观要求的不相适应。主要表现为：

（一）社会过于依赖工程质量监督核验，客观上政府成了工程质量的责任者

政府质量监督方式，实行对各施工项目的主要分部工程和单位工程质量的核验，并出具质量等级证明文件，成为社会工程建筑使用管理的具有法律效力的依据文本。如住宅工程需要见到质监站基础阶段核验合格等级文本才能投付市场预销售。建筑工程办理工程验收，进户手续，直至公安局给予房屋路名牌号以及所有建筑工程的固定资产验收和登记，

都要依赖于质监站的核验结果。工程质量"谁核定，谁负责"，政府工程质量监督机构变相成为工程质量的责任者。因此一些工程交付使用后出现了质量问题，矛头亦直指"政府机构"，而直接参加工程的建设各方反而"袖手旁观"，从而违背了市场经济中产品的制造者应对产品质量直接负责的原则。

（二）"三部到位"的监督运作方法与政府管理机制的改革方向不符

工程质量监督主要运作方式是基础、主体、竣工三部到位等级核定与巡回抽查相结合，质量监督机构是政府授权的，质监机构的行为就是政府管理行为的延伸，从而把政府管理推向了具体操作事务的误区。随着政府体制的改革，政府管理应实施"小政府大社会"，并从微观管理转向宏观管理，从直接管理向间接管理方向转变。若政府质量监督运作方法不改革，客观上就会出现与政府管理体制和方式改革相矛盾的状况。

（三）单一的实物质量监督无法实现政府对建筑市场参与各方质量责任行为的全面监控

工程质量监督偏重于单一的实物质量监督。由于建筑工程产品具有工期长、专业多、工种多、工序多、材料设备品种规格多、隐蔽工程多和不可解体性等特点。单纯依靠质量监督机构的几次到位，施工几百天，"判断"一阵子，难免使监督的全面性受到约束，事实上亦无法对工程质量进行全面而准确的核验、评定和控制。长期实践证明，政府的监督必须舍末就本，抓住建设工程参与各方的质量行为的龙头，才能促使建设各方发挥自身的作用，管理控制好工程质量。

因此，建设工程质量监督，必须从单一的实物质量监督向对建设参与各方质量行为的监督延伸，并以对施工现场质量管理保证体系的有效监督，来实现工程项目实体质量的有效控制。

五、现行建筑工程质量监督管理制度和验收标准

2000年以来，国务院颁布了《建设工程质量管理条例》，建设部又根据条例要求制定颁发了一系列配套的行政法规，并组织修订和批准颁发了建筑工程方面的一大批涉及规划、勘察、设计、施工、监理、质量验收等国家或行业标准。随着新的法律、法规和技术标准的颁布实施，我国建筑工程质量监督管理制度和质量验收方法出现了重大变革。

根据《建设工程质量管理条例》的要求，政府对建设工程质量的监督，由原来的核验制改为备案制，并把质量监督的重点，放在工程建设项目直接涉及人民生命财产安全、人身健康、环境保护和公众利益等强制性标准的实施方面。

《建设工程质量管理条例》强调，建设单位、勘察单位、设计单位、施工单位和工程监理单位是工程质量的主体单位，它们必须依法对建设工程质量负责。

2001年以后先后颁布，并从2002年开始全面实施新的建筑工程施工质量验收系列标准，其主要包括：

1．《建筑工程施工质量验收统一标准》GB 50300—2001
2．《建筑地基基础工程施工质量验收规范》GB 50202—2002
3．《砌体工程施工质量验收规范》GB 50203—2002
4．《混凝土结构工程施工质量验收规范》GB 50204—2002
5．《钢结构工程施工质量验收规范》GB 50205—2001
6．《木结构工程施工质量验收规范》GB 50206—2002

7. 《屋面工程质量验收规范》GB 50207—2002
8. 《地下防水工程质量验收规范》GB 50208—2002
9. 《建筑地面工程施工质量验收规范》GB 50209—2002
10. 《建筑装饰装修工程质量验收规范》GB 50210—2001
11. 《建筑给水排水及采暖工程施工质量验收规范》GB 50242—2002
12. 《通风与空调工程施工质量验收规范》GB 50243—2002
13. 《建筑电气工程施工质量验收规范》GB 50303—2002
14. 《电梯工程施工质量验收规范》GB 50310—2002
15. 《智能建筑工程质量验收规范》GB 50339—2003

上述建筑工程施工质量验收系列标准，具体体现了我国现行有关法律、法规和国家、行业技术标准的要求，坚持了"验评分离、强化验收、完善手段、过程控制"的指导思想，以适应我国改革开放，市场经济条件下，对建筑工程质量控制的客观要求。

复习思考题

1. 影响建筑工程项目质量优劣的因素有哪些？
2. 试述建筑工程施工质量监督管理的方式。
3. 试述我国建筑工程质量监督管理制度的演变过程。
4. 试述我国现行建筑工程质量监督管理制度的特点。
5. 试述现行建筑工程施工质量验收系列标准的内容。

第二章 建筑工程施工质量验收的基本规定

第一节 建筑工程施工质量验收规范体系

一、建筑工程施工质量验收规范框架体系

建筑工程施工质量验收规范是以《建筑工程施工质量验收统一标准》(简称"统一标准")和14项专业工程施工质量验收规范(详见第一章第三节)为框架组成的一个技术标准体系,用以指导建筑工程施工质量的验收,判定建筑工程质量是否合格。该系列标准是在总结了我国建筑工程施工质量验收实践经验的基础上,根据"验评分离,强化验收,完善手段,过程控制"的指导思想,将原质量检验评定标准中的质量检验与质量评定分离,将原施工验收规范中的施工工艺与质量验收的内容分离,把质量检验与质量验收内容合并后重新编制而成的,是一个新的验收规范体系。该标准体系中的"统一标准"规定了建筑工程施工现场质量管理和质量控制的要求,提出了检验批质量检验的抽样方案要求,确定了建筑工程施工质量验收的划分原则、合格判定条件及验收程序等。同时,"统一标准"还对各专业验收规范编制的统一准则及单位工程质量验收的内容、方法和程序作出了具体规定。各"专业验收规范"分别对有关分项工程检验批的划分、主控项目及一般项目质量指标的设置和合格判定的条件作出了具体规定,并对建筑材料、构配件和建筑设备的进场复验,涉及结构安全和使用功能等项目的检测提出了具体要求。

二、建筑工程施工质量验收规范支持体系

建筑工程施工质量验收规范系列标准,自身形成一个完整的技术标准体系,减少了各规范间的交叉,执行更为方便。但强化验收,将验评分离,并不表明忽略了工艺要求,降低了标准的水平。执行建筑工程施工质量验收系列标准时应注意以下两点:

(一)强调各专业工程质量验收规范必须与"统一标准"配套使用。

(二)还需得到其他有关标准(如施工工艺、优良标准、检测方法标准等)支持,并形成一个行之有效的支持体系(图2-1)。

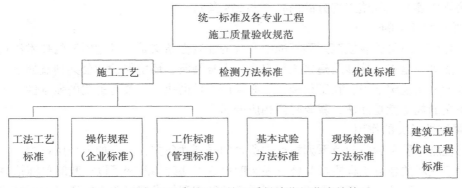

图2-1 建筑工程施工质量验收规范支持体系

该支持体系将原施工及验收规范中的施工工艺部分作为企业标准或行业推荐性标准，使企业标准作为施工操作、上岗培训、质量控制和质量验收的基础，从而保证新的质量验收规范的落实；将原验评标准中的评定部分作为行业推荐性标准，由社会自行选用，也为企业的创优评价提供依据，进一步促进建筑工程施工质量水平的提高。另外，要达到有效控制和科学管理，使质量验收的指标数据化（指标量化才有可比性和规范性），尚需有完善的检测试验手段、实验方法和规定的设备等。

三、建筑工程施工质量验收的依据

建筑工程施工质量验收的依据主要有两个方面：一是共同性依据，二是有关质量验收的专业技术法规性依据。

（一）共同性依据

共同性依据主要指适用于工程项目施工阶段并与质量验收有关的具有普遍指导意义和必须遵守的基本文件，主要包括：

（1）工程勘察、设计文件（含设计图纸、标准图集和设计变更单等）。

（2）工程承发包合同中有关质量方面的约定。如对混凝土结构实体采用钻芯取样检测混凝土强度；提高某些质量验收指标等。

（3）国家及政府有关部门颁布的有关质量管理方面的法律、法规性文件。如上海市建委对特细砂、海砂、实心黏土砖、立窑水泥等制定了禁止、限制使用的规定等。

（二）有关质量验收的专业技术法规性依据

质量验收专业技术法规性依据，一般是针对不同的分部分项工程、不同的质量验收对象而制定的技术法规性文件，包括各种有关的标准、规范、规程或规定。其中主要有：

（1）建筑工程施工质量验收统一标准和专业验收规范。

（2）有关工程材料、半成品和构配件质量验收方面的技术法规文件。如质量标准、取样、试验、验收等方面的技术标准或规定。

（3）控制施工工序质量等方面的技术法规性依据。如相关操作规程、验收规范等。

（4）新技术、新工艺、新材料的技术鉴定书和相关质量指标与数据，以及在此基础上制定的有关质量标准和施工工艺规程等。

四、验收规范系列标准中强制性条文的性质与作用

建筑工程施工质量验收统一标准及各专业验收规范中用黑体字标注的内容为强制性条文，是2000年我国推出的《工程建设标准强制性条文》中的部分内容，也属于我国工程建设技术法规中建筑工程施工部分的内容（共274条）。

（一）强制性条文的性质

建筑工程施工质量验收规范系列标准中所含的强制性条文是与发达国家的技术法规相接轨的相关法规，是将直接涉及建筑工程安全、人身健康、环境保护和公共利益的技术要求，用法规的形式规定下来，在工程施工中必须严格贯彻执行，具有鲜明的强制性。不执行强制性条文的规定就是违法，就要受到相应处罚。

（二）强制性条文的作用

建筑工程施工质量验收规范系列标准中所含的强制性条文，具有如下作用：

（1）为建立新的建设工程质量监督管理制度奠定了基础。改变了以往政府单纯依靠行政手段强化建设工程质量管理的方式，实行了行政管理和技术规定并重的质量管理模式。

(2) 为保证工程质量提供了法律武器。以法律、法规和强制性条文为依据，对业主的行为进行严格规范，将建设单位、勘察、设计、施工、监理单位规定为质量责任主体，并将其在参与工程建设过程中易出现问题的重要环节作出了明确规定，依法实行责任追究。

(3) 为改革工程建设标准体制奠定了基础。建立以验收规范为主体的整体施工技术体系（框架体系），辅以企业实施和政府监督依据明确的强制性条文，从而形成了技术法规与技术标准相结合的体制，将我国工程建设的技术法规体系与国际惯例接轨。

第二节 建筑工程施工质量验收的基本规定

为贯彻落实《建设工程质量管理条例》，全面执行建筑工程施工质量验收规范，《建筑工程施工质量验收统一标准》对建筑工程的施工现场质量管理、施工质量控制及质量验收等内容作出了原则规定。

一、施工现场质量管理的四个要求

（一）建筑工程施工单位要有健全的质量管理体系

施工单位应推行生产控制和合格控制的全过程质量控制制度。按照质量管理规范建立必要的机构、制度，并赋予其应有的权责，保证质量控制措施落实。

（二）施工现场应有与所承担施工项目相关的施工技术标准

施工现场应有专业工程质量验收规范，同时应有控制质量和指导施工的工艺（或工法）标准、操作规程等企业标准。企业标准是操作的依据，也是保证国家标准贯彻落实的基础。所以，为确保建筑工程质量满足国家标准的规定，还要求施工企业制定的企业标准的质量指标须高于国家技术标准的水平。

（三）应有完整的施工质量检验制度

为确保施工质量满足设计要求，符合验收规范的规定，施工现场应建立包括材料与设备的进场验收检验制度；施工过程质量自检、互检、专检、隐蔽工程验收制度；涉及结构安全和使用功能的抽查检验及竣工后的抽查检测等各项质量检验制度。

（四）建立健全的综合施工质量水平的评定与考核制度

施工单位应重视综合质量控制水平，从施工技术、管理制度、工程质量控制和工程实体质量等方面制定企业综合质量控制水平的指标，经过综合评价，不断提高施工管理水平和经济效益。

二、建筑工程施工质量控制三个环节

（一）把好建筑材料、构配件及建筑设备的进场验收关

1. 验收检查的内容

对建筑工程采用的主要材料、构配件及建筑设备验收时，重点应围绕以下几个方面进行：检查产品合格证书、出厂检验报告（产品性能检测报告）；检查产品的规格、数量、型号、标准、外观质量；凡涉及安全和功能的产品，应按各专业工程质量验收规范规定的范围进行复验。

2. 进场使用的条件

拟进场使用的主要材料、半成品、成品、建筑构配件、器具和设备，首先应由施工单

位委派专人负责检查，并有书面验收记录和签认手续，经检验合格后交由监理单位审核。监理单位在核查相应产品的质量证明资料的同时，拟对进场的实物按照监理合同约定或有关工程质量文件规定的比例采用平行检验或见证取样方式进行抽检，达到规定要求并经监理工程师（建设单位技术负责人）检查认可后方可用于工程。

（二）把好每道工序质量检查关

工序质量是施工过程质量控制的最小单位，也是分项工程质量验收的基础。对工序质量控制应着重抓好三个点的控制：

（1）设立控制点。按施工技术标准（企业标准）的要求，采取有效技术措施，使每道工序在操作中符合技术标准要求。

（2）设立检查点。在工艺流程控制点中确定相对重要的节点进行检查，查看其控制措施的落实情况，验证其控制措施是否有效，有否失控，同时还可通过对其质量指标的测量，判断其数据是否满足规范规定。

（3）设立停止点。在施工操作完成一定数量或某一施工段时，在班组自行检查的基础上，由专职质量员作一次比较全面的检查，确认某一作业层面操作质量是否达到有关质量控制指标的要求。检查完成后应填写规定的表格，可作为生产过程控制结果的数据，也可能是检验批中的检验数据，填入检验批检验评定表中自评栏内。

（三）把好工序交接检查关

在控制好每道工序工艺质量的基础上，尚应把好各工序间和相关专业工种之间的交接检验关，并形成验收记录。工序交接检查不仅是对前道工序质量合格与否所作的一次确认，同时也为后道工序的顺利开展提供了保证，促进了后道工序对前道工序的产品保护。需说明的是，工序间交接检查所形成的验收记录，尚应经监理工程师签署确认后有效。这样既可以使各工序间形成有机的整体，保证了质量控制的延续性，又能分清质量责任，避免了不必要的质量纠纷。

三、建筑工程质量验收十项规定

建筑工程质量验收过程中的重要事件，如质量验收依据、质量验收程序、参加验收各方人员应具备的资格要求、隐蔽工程验收、观感质量检查等，在《建筑工程施工质量验收统一标准》中均以强制性标准条文的形式作出了原则性规定，涉及五个方面。

（一）关于质量验收依据

建筑工程施工质量验收依据有两个方面，即共同性依据及有关质量验收的专业技术法规性依据（如本章第一节所述）。其中应"符合统一标准和相关专业验收规范规定"与"符合工程勘察、设计文件的要求"两项为强制性标准条文，参建各方须严格执行。

（二）关于质量验收涉及的资格与资质

1. 参加工程施工质量验收的各方人员应具备规定的资格

这里的资格既是对验收人员技术职务、执业资格上的要求，同时也是对其技术理论和实际经验上的要求。如分部工程应由总监理工程师组织验收，不能由专业监理工程师替代；单位工程观感质量检查的人员，应具有丰富的经验等。

2. 承担见证取样检测及有关结构安全检测的单位应具有相应资质

这里的"单位"是指建设工程质量检测机构，是对建设工程和建筑构件、建筑材料及制品进行检测的法定检测单位。根据建设部《建筑工程质量检测工作规定》，全国的建设工程质量检测机构,由国家、省、市(地)级工程质量检测机构组成。承担见证取样检测及有关结构安全检测的单位,应经过省级以上建设行政主管部门对其资质认可和质量技术监督部门已通过对其计量认证的质量检测单位。

(三)关于检验批质量验收与工程质量验收程序

1. 检验批的质量应按主控项目和一般项目验收

检验批的质量按主控项目、一般项目两类质量标准验收,进一步明确了具体质量要求,避免引起对质量标准范围和要求的不同。

2. 工程质量的验收均应在施工单位自行检查评定的基础上进行

建筑工程质量验收必须是施工单位先按不低于国家验收规范质量标准的企业标准自行检查评定,合格后再由监理单位验收。监理师或总监理工程师应按国家验收规范验收,并对已验收的工程质量负责。最后由企业检查人员和监理单位的监理工程师签字认可,形成最终验收资料。在工程质量验收过程中分清生产、验收两个责任阶段,并明确生产方处于主导地位,应承担首要质量责任。

(四)关于材料与工程检测

1. 涉及结构安全的试块、试件及有关材料,应按规定进行见证取样检测

为保证试件能代表母体的质量状况和取样的真实,制止出具只对试件(来样)负责的检测报告,做到建设工程质量检测工作的科学性、公正性和正确性,以确保建设工程质量。涉及结构安全的试块、试件及有关材料,应在监理单位或建设单位人员(见证员)的见证下,由施工单位试验人员(取样员)在现场取样,并一同送至相应资质的检测机构进行测试。需说明的是,涉及结构安全的试块、试件及有关材料的范围和数量是有规定的。缩小范围有可能会影响质量指标的客观性,超出范围难免会增加检测费用。因此,对承包合同中未作特别约定的建筑工程,其质量验收见证取样和送检的范围与数量一般按下述规定执行:

(1)见证取样和送检的范围

1)用于承重结构的混凝土试块;

2)用于承重墙体的砌筑砂浆试块;

3)用于承重结构的钢筋及连接接头试件;

4)用于承重的砖和混凝土小型砌块;

5)用于拌制混凝土和砌筑砂浆的水泥;

6)用于承重结构的混凝土中使用的掺加剂;

7)地下、屋面、厕浴间使用的防水材料;

8)国家规定必须实行见证取样和送检的其他试块、试件和材料。

(2)见证取样和送检的数量

见证取样和送检的比例不得低于有关技术标准规定应取样数量的30%,有条件的地区可提高比例(如上海地区规定为100%)。

2. 对涉及结构安全和使用功能的重要分部工程应进行抽样检测

重要分部工程抽样检测,是指当工程一个步骤完成后进行成品抽测。如涉及结构安全的钢筋混凝土构件保护层厚度的验证检测、建筑物沉降观测;涉及使用功能的防水效果检测、管道强度及畅通检测;室内环境检测等。这种检测是非破损或微破损检测,检测项目

一般在分部（子分部）工程中给出。抽检范围一般以相应验收规范列出的项目为准，可以由施工、监理、建设单位一起抽样检测，也可以由施工方进行，请有关方面人员参加。以此来验证和保证房屋建筑工程的安全性和功能性，完善了质量验收的手段，提高了验收工作准确性。

（五）关于隐蔽工程验收与工程观感质量检查

1. 隐蔽工程在隐蔽前应由施工单位通知有关单位进行验收，并形成验收文件

隐蔽工程验收是建筑工程施工质量验收过程中对难以再现工序（被下道工序所掩盖）或部位在隐蔽前所设的一个停止点，属工程质量验收的关键节点，须重点检查，共同确认，必要时应留下影像资料作证。验收程序：施工单位应对隐蔽工程先进行检查，符合要求并填好验收表格后通知建设单位、监理单位、勘察设计、设计单位和质量监督机构等参加验收。共同验收确认并形成各方签认的验收文件，作为检验批、分项、分部（子分部）工程验收备查的依据。

2. 应由验收人员通过现场检查、并应共同确认

工程观感质量检查是对工程整体效果的核实与评价。工程观感质量好与差，虽不直接影响工程结构安全的评价，但出现装饰饰面的瑕疵、局部缺损及可操作部件试用效果欠佳等情况，一定程度上会影响工程的整体效果或使用功能。为更好地对建筑工程质量进行一次宏观的全面评价，应包括观感质量。由于工程观感质量检查受人为因素及评价人情绪等影响较大，因此，观感质量评价只设定"好"、"一般"、"差"三个标准，评价的依据原则上就是各分项工程的主控项目和一般项目中的有关标准，由验收人员综合考虑。提出现场检查、共同确认的要求，旨在避免出现以点带面或某一个人说了算的现象。在实际操作时，由总监理工程师组织，验收人员以监理单位为主，有施工单位的相关人员参加，经过对现场的全面检查，在听取各方面意见后，以总监理工程师为主导与监理工程师共同确定。

第三节 建筑工程施工质量验收的划分

在建筑工程施工质量验收过程中，为能取得较完整的技术数据，从而对建筑工程质量作出全面客观的评价，建筑工程质量验收应划分为单位（子单位）工程、分部（子分部）工程、分项工程和检验批，并按相应规定的程序，首先评定检验批的质量，而后以此为基础来评定分项工程的质量，再以分项工程质量为基础评定分部（子分部）工程的质量，最终以分部工程质量、质量控制资料、所含分部工程有关安全和功能的检测资料、主要功能项目的抽查结果和观感质量评价结果来综合评定单位工程的质量等级。

一、单位（子单位）工程划分的原则

为保证房屋建筑的整体质量，房屋建筑的单位工程是由建筑、结构与建筑设备安装工程共同组成。单位（子单位）工程的划分应遵循下列三个原则。

（一）具有独立施工条件并能形成独立使用功能的建筑物均可划分为一个单位工程。

（二）对于建筑规模较大的单位工程，可将其能形成独立使用功能的部分再划分为一个子单位工程。

（三）房屋建筑以外的室外工程可根据专业类别和工程规模划分为室外建筑环境和室

外安装两个室外单位工程。并将室外建筑环境单位工程再划分成附属建筑和室外环境两个子单位工程；将室外安装单位工程划分成给排水与采暖和电气两个子单位工程（表 2-1）。

室外工程划分表　　　　　　　　　　表 2-1

单 位 工 程	子 单 位 工 程	分部（子分部）工程
室外建筑环境	附属建筑	车棚、围墙、大门、挡土墙、垃圾收集站
	室外环境	建筑小品、道路、亭台、连廊、花坛、场坪绿化
室外安装	给排水与采暖	室外给水系统、室外排水系统、室外供热系统
	电　气	室外供电系统、室外照明系统

二、分部（子分部）工程划分的原则

（一）分部工程的划分应按专业性质、建筑部位确定

建筑与结构工程按主要部位划分为地基与基础、主体结构、建筑装饰装修及建筑屋面4 个分部工程。

建筑设备安装工程划分为建筑给排水及采暖、建筑电气、智能建筑、通风与空调及电梯 5 个分部工程。

（二）当分部工程较大或较复杂时，可按材料种类、施工特点、施工程序、专业系统及类别等将一个分部工程再划分为若干个子分部工程。

如主体结构分部工程可按材料不同又划分为混凝土结构、劲钢（管）混凝土结构、砌体结构、钢结构、木结构、网架和索膜结构 6 个子分部工程。地基与基础分部工程（相对标高 ±0.000 以下部分）又可划分为无支护土方、有支护土方、地基处理、桩基、地下防水、混凝土基础、砌体基础、劲钢（管）混凝土、钢结构等子分部工程。

三、分项工程、检验批划分的原则

（一）分项工程应按工种、材料、施工工艺、设备类别等进行划分

建筑与结构工程的分项工程一般是按主要工种工程来划分的。如模板、钢筋、混凝土等分项工程。当然有时也可按施工程序的先后和使用材料的不同划分。如瓦工的砌筑工程；钢筋工的钢筋绑扎工程；木工的木门窗安装工程等。

（二）分项工程可由一个或若干个检验批组成，检验批可根据施工及质量控制和专业验收需要按楼层、施工段、变形缝等进行划分

建筑工程施工质量验收过程中，分项工程尚属一个比较大的概念，真正进行质量验收的往往并不是一个分项工程的全部，而是其中的一部分。如一幢砖混结构的住宅工程，其主体结构分部由砌砖、模板、钢筋、混凝土等分项工程组成，而在验收砌砖分项工程时，一般是分楼层验收的，如一层砌砖工程、二层砌砖工程等，一层、二层砌砖工程与上述总的砌砖分项工程的范围显然有所不同，为此，我们把前者称为分项工程，一层、二层砌砖工程称为检验批，即把一个分项工程划分为若干个检验批来验收。由此可见，分项工程的验收实际上就是检验批的验收，分项工程中检验批验收都完成了，分项工程的验收结果也就出来了。

分项工程检验批的划分，可按如下规律进行：地基与基础分部工程中的分项工程一般可划分为一个检验批；有地下层（地下室）的基础工程可按不同地下层划分检验批；多层及高层建筑工程主体结构分部内的分项工程可分别按楼层或施工段划分检验批；单层建筑

工程中的分项工程则可按变形缝或施工段划分检验批;屋面分部工程中的分项工程,不同楼层的屋面可划分为不同的检验批;安装工程一般按一个设计系统或设备组别划分为一个检验批;室外工程可统一划分为一个检验批。建筑工程分部(子分部)、分项工程可按表2-2进行划分。

建筑工程分部(子分部)工程、分项工程划分　　　　表 2-2

序号	分部工程	子分部工程	分 项 工 程
1	地基与基础	无支护土方	土方开挖、土方回填
		有支护土方	排桩,降水、排水、地下连续墙、锚杆、土钉墙、水泥土桩、沉井与沉箱,钢及混凝土支撑
		地基处理	灰土地基、砂和砂石地基、碎砖三合土地基、土工合成材料地基、粉煤灰地基、重锤夯实地基、强夯地基、振冲地基、砂桩地基、预压地基、高压喷射注浆地基、土和灰土挤密桩地基、注浆地基、水泥粉煤灰碎石桩地基、夯实水泥土桩地基
		桩基	锚杆静压桩及静力压桩、预应力离心管桩、钢筋混凝土预制桩、钢桩、混凝土灌注桩(成孔、钢筋笼、清孔、水下混凝土灌注)
		地下防水	防水混凝土,水泥砂浆防水层,卷材防水层,涂料防水层,金属板防水层,塑料板防水层,细部构造,喷锚支护,复合式衬砌,地下连续墙,盾构法隧道;渗排水、盲沟排水,隧道、坑道排水;预注浆、后注浆,衬砌裂缝注浆
		混凝土基础	模板、钢筋、混凝土、后浇带混凝土、混凝土结构缝处理
		砌体基础	砖砌体、混凝土砌块砌体、配筋砌体、石砌体
		劲钢(管)混凝土	劲钢(管)焊接、劲钢(管)与钢筋的连接,混凝土
		钢结构	焊接钢结构、栓接钢结构,钢结构制作、钢结构安装、钢结构涂装
2	主体结构	混凝土结构	模板,钢筋,混凝土,预应力,现浇结构,装配式结构
		劲钢(管)混凝土结构	劲钢(管)焊接、螺栓连接、劲钢(管)与钢筋的连接、劲钢(管)制作、安装,混凝土
		砌体结构	砖砌体,混凝土小型空心砌块砌体,石砌体,填充墙砌体,配筋砖砌体
		钢结构	钢结构焊接,紧固件连接,钢零部件加工,单层钢结构安装,多层及高层钢结构安装,钢结构涂装,钢构件组装,钢构件预拼装,钢网架结构安装,压型金属板
		木结构	方木和原木结构,胶合木结构,轻型木结构,木构件防护
		网架和索膜结构	网架制作,网架安装,索膜安装,网架防火,防腐涂料
3	建筑装饰装修	地面	整体面层:基层,水泥混凝土面层,水泥砂浆,水磨石面层,防油渗面层,水泥钢(铁)屑面层,不发火(防爆的)面层;板块面层:基层,砖面层(陶瓷锦砖、缸砖、陶瓷地砖和水泥花砖面层),大理石面层和花岗石面层,预制板块面层(预制水泥混凝土、水磨石板块面层),料石面层(条石、块石面层),塑料面层,活动地板面层,地毯面层,木竹面层:基层,实木地板面层(条材、块材面层),实木复合地板面层(条材、块材面层),中密度(强化)复合地板面层(条材面层),竹地板面层

续表

序号	分部工程	子分部工程	分项工程
3	建筑装饰装修	抹灰	一般抹灰，装饰抹灰，清水砌体勾缝
		门窗	木门窗制作与安装，金属门窗安装，塑料门窗安装，特种门安装，门窗玻璃安装
		吊顶	暗龙骨吊顶，明龙骨吊顶
		轻质隔墙	板材隔墙，骨架隔墙，活动隔墙，玻璃隔墙
		饰面板（砖）	饰面板安装，饰面砖粘贴
		幕墙	玻璃幕墙，金属幕墙，石材幕墙
		涂饰	水性涂料涂饰，溶剂型涂料涂饰，美术涂饰
		裱糊与软包	裱糊、软包
		细部	橱柜制作与安装，窗帘盒、窗台板和暖气罩制作与安装，门窗套制作与安装，护栏和扶手制作与安装，花饰制作与安装
4	建筑屋面	卷材防水屋面	保温层，找平层，卷材防水层，细部构造
		涂膜防水层面	保温层，找平层，涂膜防水层，细部构造
		刚性防水屋面	细石混凝土防水层，密封材料嵌缝，细部构造
		瓦屋面	平瓦屋面，波瓦屋面，油毡瓦屋面，金属板屋面，细部构造
		隔热屋面	架空屋面，蓄水屋面，种植屋面
5	建筑给水排水及采暖	室内给水系统	给水管道及配件安装、室内消火栓系统安装、给水设备安装、管道防腐、绝热
		室内排水系统	排水管道及配件安装，雨水管道及配件安装
		室内热水供应系统	管道及配件安装、辅助设备安装、防腐、绝热
		卫生器具安装	卫生器具安装，卫生器具给水配件安装，卫生器具排水管道安装
		室内采暖系统	管道及配件安装，辅助设备及散热器安装，金属辐射板安装，低温热水地板辐射采暖系统安装，系统水压试验及调试，防腐，绝热
		室外给水管网	给水管道安装，消防水泵接合器及室外消火栓安装，管沟及井室
		室外排水管网	排水管道安装，排水管沟与井池
		室外供热管网	管道及配件安装，系统水压试验及调试，防腐，绝热
		建筑中水系统及游泳池系统	建筑中水系统管道及辅助设备安装，游泳池水系统安装
		供热锅炉及辅助设备安装	锅炉安装，辅助设备及管道安装，安全附件安装，烘炉、煮炉和试运行，换热站安装，防腐，绝热
6	建筑电气	室外电气	架空线路及杆上电气设备安装，变压器、箱式变电所安装，成套配电柜、控制柜（屏、台）和动力、照明配电箱（盘）及控制柜安装，电线、电缆导管和线槽敷设，电线、电缆穿管和线槽敷设，电缆头制作、导线连接和线路电气试验，建筑物外部装饰灯具、航空障碍标志灯和庭院路灯安装，建筑照明通电试运行，接地装置安装
		变配电室	变压器、箱式变电所安装，成套配电柜、控制柜（屏、台）和动力、照明配电箱（盘）安装，裸母线、封闭母线、插接式母线安装，电缆沟内和电缆竖井内电缆敷设，电缆头制作、导线连接和线路电气试验，接地装置安装，避雷引下线和变配电室接地干线敷设

续表

序号	分部工程	子分部工程	分项工程
6	建筑电气	供电干线	裸母线、封闭母线、插接式母线安装，桥架安装和桥架内电缆敷设，电缆沟内和电缆竖井内电缆敷设，电线、电缆穿管和线槽敷线，电缆头制作、导线连接和线路电气试验
		电气动力	成套配电柜、控制柜（屏、台）和动力、照明配电箱（盘）及安装，低压电动机、电加热器及电动执行机构检查、接线，低压电气动力设备检测、试验和空载试运行，桥架安装和桥架内电缆敷设，电线、电缆导管和线槽敷设，电线、电缆穿管和线槽敷设线，电缆头制作、导线连接和线路电气试验，插座、开关、风扇安装
		电气照明安装	成套配电柜、控制柜（屏、台）和动力、照明配电箱（盘）安装，电线、电缆导管和线槽敷设，电线、电缆导管和线槽敷设线，槽板配线，钢索配线，电缆头制作、导线连接和线路电气试验，普通灯具安装，专用灯具安装，插座、开关、风扇安装，建筑照明通电试运行
		备用和不间断电源安装	成套配电柜、控制柜（屏、台）和动力、照明配电箱（盘）安装，柴油发电机组安装，不间断电源的其他功能单元安装，裸母线、封闭母线插接式母线安装，电线、电缆导管和线槽敷设，电线、电缆导管和线槽敷设线，电缆头制作、导线连接和线路电气试验，接地装置安装
		防雷及接地安装	接地装置安装，避雷引下线和变配电室接地干线敷设，建筑物等电位连接，接闪器安装
7	智能建筑	通信网络系统	通信系统，卫星及有线电视系统，公共广播系统
		办公自动化系统	计算机网络系统，信息平台及办公自动化应用软件，网络安全系统
		建筑设备监控系统	空调与通风系统，变配电系统，照明系统，给排水系统，热源和热交换系统，冷冻和冷却系统，电梯和自动扶梯系统，中央管理工作站与操作分站，子系统通信接口
		火灾报警及消防联动系统	火灾和可燃气体探测系统，火灾报警控制系统，消防联动系统
		安全防范系统	电视监控系统，入侵报警系统，巡更系统，出入口控制（门禁）系统，停车管理系统
		智能化集成系统	集成系统网络，实时数据库，信息安全，功能接口
		电源与接地	智能建筑电源，防雷及接地
		环境	空间环境，室内空调环境，视觉照明环境，电磁环境
		住宅（小区）智能化系统	火灾自动报警及消防联动系统，安全防范系统（含电视监控系统、入侵报警系统、巡更系统、门禁系统、楼宇对讲系统、住户对讲呼救系统、停车管理系统），物业管理系统（多表现场计量及与远程传输系统、建筑设备监控系统、公共广播系统、小区网络及信息服务系统、物业办公自动化系统），智能家庭信息平台
8	通风与空调	送排风系统	风管与配件制作，部件制作，风管系统安装，空气处理设备安装，消声设备制作与安装，风管与设备防腐，风机安装，系统调试
		防排烟系统	风管与配件制作，部件制作，风管系统安装，防排烟风口、常闭正压风口与设备安装，风管与设备防腐，风机安装，系统调试

续表

序号	分部工程	子分部工程	分项工程
8	通风与空调	除尘系统	风管与配件制作，部件制作，风管系统安装，除尘器与排污设备安装，风管与设备防腐，风机安装，系统调试
		空调风系统	风管与配件制作，部件制作，风管系统安装，空气处理设备安装，消声设备制作与安装，风管与设备防腐，风机安装，风管与设备绝热，系统调试
		净化空调系统	风管与配件制作，部件制作，风管系统安装，空气处理设备安装，消声设备制作与安装，风管与设备防腐，风机安装，风管与设备绝热，高效过滤器安装，系统调试
		制冷系统	制冷机组安装，制冷剂管道及配件安装，制冷附属设备安装，管道及设备的防腐与绝热，系统调试
		空调水系统	管道冷热（媒）水系统安装，冷却水系统安装，冷凝水系统安装，阀门及部件安装，冷却塔安装，水泵及附属设备安装，管道与设备的防腐与绝热，系统调试
9	电梯	电力驱动的曳引式或强制式电梯安装	设备进场验收，土建交接检验，驱动主机，导轨，门系统，轿厢，对重（平衡重），安全部件，悬挂装置，随行电缆，补偿装置，电气装置，整机安装验收
		液压电梯安装	设备进场验收，土建交接检验，液压系统，导轨，门系统，轿厢，平衡重，安全部件，悬挂装置，随行电缆，电气装置，整机安装验收
		自动扶梯、自动人行道安装	设备进场验收，土建交接检验，整机安装验收

四、建筑工程质量验收划分的注意事项

建筑工程质量验收的划分，在遵循上述原则的同时，应注意以下事项：

（一）单位工程内所含的分部工程，不论其工程量大小，都应作为一个分部工程参与单位工程的验收。

（二）对于建设方没有分期投入使用要求的较大规模工程，不宜划分子单位工程。因为，划分有若干子单位工程的单位工程，既要保证先验收的子单位工程的使用功能达到设计要求，又要确保后验收的子单位工程顺利进行施工，势必会增加施工组织与施工管理的难度。

（三）有地下室的工程，其首层地面以下的结构工程属于地基与基础分部工程。但地下室内的砌体工程宜纳入主体结构分部；地面、门窗、轻质隔墙、吊顶、抹灰工程等宜纳入建筑装饰装修工程。

（四）地基与基础中的土方、基坑支护工程及混凝土工程中的模板工程，虽不构成建筑工程实体，但它是建筑工程施工不可缺少的重要环节和必要条件，况且，其施工质量如何，不仅关系到能否施工和施工安全，也关系到建筑工程质量。因此，也应将其列入施工验收内容。

（五）同楼层不同分项工程检验批划分的数量尽可能一致。如钢筋混凝土框架结构中模板、钢筋、混凝土等分项工程检验批划分的数量一般是相同的，以利于质量管理和质量

控制，也便于质量验收。

（六）同一分项工程内检验批的大小不宜太悬殊，以免相互间验收结果缺乏可比性。

（七）分项（主要是检验批）、分部（子分部）和单位（子单位）工程的划分，应在工程开工前预先确定，并在施工组织设计中具体划定。必要时也可请监理单位一起参加，使建筑工程质量验收的划分更加合理和规范化。

第四节 建筑工程施工质量验收合格规定

一、检验批质量合格规定

检验批是构成建筑工程质量验收的最小单位，也是判定分项工程质量合格与否的基础。检验批质量合格应符合下列两个规定：

（一）主控项目和一般项目的质量经抽样检验合格

任何一个参与质量验收的检验批，其质量控制与检查的范围是有规定的，且按重要程度不同分为主控项目和一般项目。

主控项目是指能确定检验批主要性能，对检验批质量有致命影响的检验项目。一般项目是指除主控项目以外，当其中出现缺陷的数量超过规定比例，或样本的缺陷程度超过规定的限度后，对检验批质量有影响的检验项目。

1．主控项目涉及的主要内容

（1）建筑工程主要材料、构配件和建筑设备的材质、技术性能及进场复验等项目。如材料出厂合格证明、试验数据的检查与审核等。

（2）涉及结构安全、使用功能的检测、抽查项目。如试块强度、钢结构的焊缝强度、外窗的三性试验、风管的压力试验等。

（3）任一抽查样本的缺陷都可能会造成质量事故，须严格控制的项目如桩位的偏移、钢结构的轴线、电气设备的接地电阻等。

2．一般项目涉及的主要内容

（1）允许有一定偏差的项目。如保护层厚度的偏差、桩顶标高偏差、窗口偏移、吊顶面板接缝直线度等。

（2）对不能确定偏差值而又允许出现一定缺陷的项目。如钢筋混凝土构件露筋、砖砌体预埋拉结筋间距偏差等。

（3）一些无法定量而采用定性方法确定质量的项目。如大理石饰面颜色协调项目、涂饰工程中的光亮和光滑项目、门窗安装中的启闭灵活项目、卫生器具安装中接口严密项目等。

3．判定主控项目与一般项目合格的条件

主控项目的合格判定条件：凡进场使用的重要材料、构配件、成品及半成品、建筑设备的各项技术性能（包括复验数据）均应符合相应技术标准的规定；涉及结构安全、使用功能的检测、抽查项目，其测试记录的数据均应符合设计要求和相应验收规范的要求；一些重要的偏差控制项目，必须严格控制在允许偏差限值之内。

须说明的是，主控项目中所有事项必须符合各专业验收规范规定的质量指标，方可判定该主控项目合格。反之只要其中某一事项甚至某一抽查样本检验后达不到要求，即可判定该检验批质量为不合格。

一般项目的合格判定条件：抽查样本的80%及以上（个别项目为90%以上，如混凝土规范中梁、板构件上部纵向受力钢筋保护层厚度等）符合各专业验收规范规定的质量指标，其余样本的缺陷通常不超过允许偏差值的1.5倍。

（二）具有完整的施工操作依据和质量检查记录

检验批合格质量除主控项目和一般项目的质量经抽样检验符合要求外，其施工操作依据的技术标准也应符合设计和验收规范的要求。采用企业标准的不能低于国家、行业标准。检验批质量验收记录（表2-7）应填写完整。由施工单位的项目专业质量检查员填写有关质量检查的内容、数据等评定记录，由监理工程师填写检验批验收记录（表2-7）及验收结论。

上述两项均符合要求，该检验批质量判定合格。若其中一项不符合要求，则该检验批质量不得判定为合格。

二、分项工程质量合格规定

分项工程是由所含内容、性质一样的若干个检验批汇集而成，其质量的验收是在检验批验收的基础上进行的。所以，分项工程的验收实际上是一个汇总统计的过程，并无新的要求和内容。分项工程质量合格应符合下列规定：

（一）分项工程所含的检验批均应符合合格质量的规定。

（二）分项工程所含检验批的质量验收记录应完整。

分项工程合格质量的条件比较简单，只要构成分项工程的各检验批的验收资料完整，并且均已验收合格，则分项工程验收合格。分项工程验收记录表见表2-8。

三、分部（子分部）工程质量合格规定

分部工程仅含一个子分部时，子分部就是分部工程，其质量验收可在分项工程质量验收的基础上直接进行，当分部工程含两个及以上子分部时，则应在分项工程质量验收的基础上，先对子分部工程进行验收，再将子分部工程汇总成分部工程。

分部（子分部）工程质量合格应符合下列规定：

（一）分部（子分部）工程所含分项工程质量均应验收合格

实际验收中，这项内容也是项统计工作，只是尚应注意如下几个要点：

(1) 注意查对所含分项工程划分是否正确，是否尚有漏、缺的分项工程没有归纳进来。

(2) 检查分部（子分部）工程所含各分项工程的施工是否均已完成。

(3) 检查每个分项工程验收是否正确，即合格质量判定是否有误。

(4) 检查所含分项工程验收记录的填写是否正确、完整，是否已收集齐全。

（二）质量控制资料应完整

质量控制资料是建筑工程施工过程中逐步形成的，能反映工程所采用的建筑材料、构配件和建筑设备的质量技术性能、施工质量控制和技术管理状况、结构安全和使用功能抽样检测结果及参见各方参加质量验收记录的施工文件。审查质量控制资料也是分部（子分部）工程验收一个重要的检验项目，且属于微观检查。质量控制资料完整的判定，主要是判定其是否能够反映建筑结构的安全和使用功能的完善，通常应满足下列要求：

(1) 项目完整。即相应规范有规定，实际工程也有发生的项目应齐全，不可漏项。

如某工程在分部工程验收时，尚不能提供隐蔽工程验收记录，显然是不可能通过验收的。

（2）每个项目要求具备的资料应完整。如在分部工程验收时，提供的质量控制资料中有隐蔽工程验收记录项目，但尚缺某一层钢筋验收记录，就较难说明该部位质量问题。

（3）单项资料的数据填写完整。资料中应该证明材料、工程性能的数据必须完备，如果缺失数据或不完备，则资料无效。如水泥复试报告，通常其安定性、强度、初凝和终凝时间必须有确切的数据及结论。

（三）地基与基础、主体结构和设备安装等分部工程有关安全及功能的检验和抽样检测结果应符合有关规定

涉及结构安全及使用功能的检验或检测，应按设计文件及各专业工程验收规范中所作的具体规定执行，并符合下列要求：

（1）规定的检测项目均已测试，测试内容完整。
（2）抽样方案正确，检测结果符合要求。
（3）检测方法标准，参与检测的机构资质与人员资格均符合规定。
（4）检测记录填写正确，收集齐全。

（四）观感质量验收应符合要求

观感质量验收是指在分部（子分部）工程所含的分项工程全部完成后，在前三项检查的基础上，对完工部分工程的质量，采用简单量测、目测等方法所进行的一种宏观的检查方式。其目的是对工程质量从外观上作一次重复的（并不增加检查项目）检查，尽可能从更广的范围捕捉和消除实体质量缺陷，确保结构安全和建筑的使用功能。

观感质量验收并不给出"合格"或"不合格"的结论，而是给出"好、一般、差"的总体评价。观感质量验收后，能得到"好"或"一般"评价的，就说明分部（子分部）工程的观感质量能符合相应验收规范的要求，即符合要求。若在验收中发现有明显影响观感效果的缺陷，则应处理后再进行验收。

上述四项均符合要求，则该分部（子分部）工程质量判定合格。若其中一项不符合要求，则该分部（子分部）工程质量不得判定为合格。分部（子分部）工程验收记录表见表2-10。

四、单位（子单位）工程质量合格规定

单位工程未划分子单位工程时，应在分部工程质量验收的基础上，直接对单位工程进行验收。当单位工程划分有若干子单位工程时，则应在分部工程质量验收的基础上，先对子单位工程进行验收，再将子单位工程汇总成单位工程。

单位（子单位）工程质量合格应符合下列规定：

（一）单位（子单位）工程所含分部工程的质量均应验收合格

（1）设计文件和承包合同所规定的工程已全部完成。
（2）各分部（子分部）工程划分正确，并按规范规定通过了合格质量的验收。
（3）各分部（子分部）工程验收记录内容完整、填写正确，收集齐全。

（二）质量控制资料应完整

单位工程质量验收时，对质量控制资料的检查，实际上是对各分部工程质量控制资料

的复查，只不过不再像以前那样进行微观检查，而是在全面梳理的基础上，重点检查是否需要拾遗补缺的。如检查某些因受试验龄期影响或受系统测试的需要，难以在分部工程验收时汇总的资料是否已归档，是否符合要求等。由于在分部（子分部）工程质量验收时，已检查过各分部工程的有关资料，且分部工程质量控制资料是否完整，也是判定分部工程合格质量的条件之一。因此，若单位工程内所含的各分部工程的质量均已验收合格，经核查（复查）或综合抽查也未发现局部错漏，分类清楚、装订成册，并能判定该工程结构安全和使用功能达到设计要求的，则可认为质量控制资料完整。

（三）单位（子单位）工程所含分部工程有关安全和功能的检测资料应完整

单位（子单位）工程有关安全和功能检测资料的检查，是在所含分部工程有关安全和功能检测结果符合有关规定的基础上，对原检测资料所作的一次完善性的核查（不是简单的复查）。判断单位（子单位）工程所含分部工程有关安全和功能的检测资料是否完整的条件如下：

（1）分部工程验收时已作的检测项目与检测结果经复查均符合有关规定。

（2）单位工程全部完成后才能做的检测项目（如室内环境检测、照明全负荷试验等）按相应规定作补充检测，且检测结果全部符合要求。

（3）对某些需连续进行的检测项目（如沉降观测、电梯运行记录等），按相应规定作跟踪检测，且最终检测结果仍然符合规定。

（4）检测记录填写正确，收集齐全。

（四）主要功能项目的抽查结果应符合相关质量验收规范的规定

主要使用功能的抽查是对建筑工程和设备安装工程最终质量的综合检验，往往是用户最为关心的内容。一般应满足下列要求：

（1）所有分项、分部工程验收合格。

（2）第（二）、（三）项资料（形成的"型式"检验报告）完整。

（3）监理单位（或监理委托单位）所抽查项目的复验结果符合有关规范的规定，并未发现倾向性质量问题。

（4）主要功能抽查记录（与安全和功能检验资料记录同表）填写正确，签署完整。

（五）观感质量验收应符合要求

单位工程观感质量的验收和评价方法与分部工程观感质量验收相同，只是内容更多一些、更宏观一些。只要在通过分部工程观感质量验收的基础上，不出现影响结构安全和使用功能的项目，也无明显影响观感效果的缺陷，则可判定符合要求。

上述五项均符合要求，则该单位（子单位）工程质量方可判定为合格，即单位工程竣工验收合格。若其中某一项不符合要求，该单位（子单位）工程质量则不得判定为合格。单位（子单位）工程质量竣工验收记录见表2-12～表2-15。

第五节 建筑工程施工质量验收程序和组织

为落实工程建设参与各方各级的质量责任，加强政府监督管理，防止不合格工程流向社会，《建筑工程施工质量验收统一标准》对建筑工程质量验收的程序和组织方法均作出了原则规定，参建各方须共同遵守。

一、建筑工程施工质量验收程序

如前所述，为了便于工程的质量管理，建筑工程施工质量验收时，应根据工程特点，把建筑工程划分为单位（子单位）工程、分部（子分部）工程、分项工程和检验批。建筑工程质量验收程序应遵循如下规定：

首先验收检验批或分项工程的质量，再验收分部（子分部）工程，最后验收单位（子单位）工程。对检验批、分项工程、分部（子分部）工程、单位（子单位）工程的质量验收，又应遵循先由施工企业自行检查评定，再交由监理或建设单位进行验收的原则。单位工程质量验收（竣工验收）合格后，建设单位应在规定时间内将工程竣工验收报告和有关文件，报建设行政管理部门备案。

二、建筑工程施工质量验收的组织

建筑工程施工质量验收的组织，一般按下列方式进行：

（一）检验批或分项工程的验收

检验批或分项工程的验收，一般由监理单位的监理工程师组织施工单位项目专业质量（技术）等负责人进行验收。

（二）分部（子分部）工程的验收

分部（子分部）工程的验收，应由监理单位的总监理工程师组织，施工技术部门负责人、施工质量部门负责人、设计项目负责人共同参加。若验收的分部工程是地基与基础工程，则应要求勘察单位的项目负责人参与验收。

（三）单位（子单位）工程的验收

单位工程完工后，施工单位应自行组织有关人员进行检查评定，并向建设单位提交工程验收报告。建设单位收到工程验收报告后，应由建设单位项目负责人组织施工（含分包单位）、设计、监理等单位的项目负责人共同参加验收。

建筑工程质量验收的组织及参加人员见表2-3。

建筑工程质量验收组织及参加人员 表2-3

序号	工程	组织者	参加人员
1	检验批	监理工程师	项目专业质量（技术）负责人
2	分项工程	监理工程师	项目专业质量（技术）负责人
3	分部（子分部）工程	总监理工程师	项目经理、项目技术负责人、项目质量负责人
3	地基与基础、主体结构分部	总监理工程师	施工技术部门负责人 施工质量部门负责人 勘察项目负责人 设计项目负责人
4	单位（子单位）工程	建设单位（项目）负责人	施工单位（项目）负责人 设计单位（项目）负责人 监理单位（项目）负责人

注：有分包单位施工时，分包单位应参加对所承包工程项目的质量验收，并将有关资料交总包单位。

第六节 建筑工程施工质量验收主要用表及填写说明

一、施工现场质量管理检查记录表

建筑工程开工前，施工单位应按"施工现场质量管理检查记录"（表2-4）的要求进行检查和填写，并经总监理工程师签署确认后方可开工。

施工现场质量管理检查记录样表见表2-4。

施工现场质量管理检查记录表　　　　　　　　　　表2-4

开工日期：

工程名称			施工许可证（开工证）	
建设单位			项目负责人	
设计单位			项目负责人	
监理单位			总监理工程师	
施工单位		项目经理		项目技术负责人
序号	项　　目		内　　容	
1	现场质量管理制度			
2	质量责任制			
3	主要专业工种操作上岗证书			
4	分包方资质与对分包单位的管理制度			
5	施工图审查情况			
6	地质勘察资料			
7	施工组织设计、施工方案及审批			
8	施工技术标准			
9	工程质量检验制度			
10	搅拌站及计量设置			
11	现场材料、设备存放与管理			

检查结论：

总监理工程师
（建设单位项目负责人）　　　　　　　　　　　　　　　　　年　月　日

该表是健全质量管理体系的具体要求，一般一个标段或一个单位（子单位）工程检查一次。现对填表要求和填写方法作如下说明。

（一）表头部分的填写

该表表头部分需填写的内容有：工程名称、施工许可证（开工证）编号、参与建设各方单位名称及项目负责人等。旨在明确参与工程建设各方责任主体和各项目负责人的地位。表头部分可由施工单位现场负责人统一填写，并注意如下事项：

（1）工程名称栏内应填写该工程名称的全称，且与合同或招标文件中的名称一致。

（2）施工许可证（开工证）栏内主要填写当地建设行政主管部门批准发给的施工许可证编号。

（3）建设单位、设计单位、监理单位和施工单位栏内，应分别填写与相应合同中签章一致的单位名称，项目负责人也应与相应合同中明确的负责人一致。

（二）检查项目部分的填写

（1）现场质量管理制度栏。主要填写针对该项目现场质量管理施工单位建立并执行了哪些制度。如图纸会审、技术交底、施工组织设计编制审核、工序交接、质量检查评定、质量例会及质量问题处理制度等。当相应制度的内容较多难以全部写上时，可将有关资料先进行编号，再将编号填写上，并注明份数。

（2）质量责任制栏。填写方法和要求同前一个项目，主要填写本项目建立了哪些质量责任制。如岗位责任制、设计交底会制度、挂牌制度等。

（3）主要专业工种操作上岗证书栏。填写该项目工程涉及哪些主要专业工种，有无操作上岗证书。

（4）分包方资质与对分包单位的管理制度栏。在有分包单位的情况下，应填写哪些分项或分部工程由分包单位完成，专业资质是否超出其承包的业务范围，总包单位对分包单位有哪些管理制度等。若无分包单位，则该栏可用"/"来标注。

（5）施工图审查情况栏。主要填写本工程项目是否有建设行政主管部门出具了施工图审查批准书，审查机构是否出具了审查报告。

（6）地质勘察资料栏。主要填写本工程项目是否有合格资质勘察单位出具了正式地质勘察报告。

（7）施工组织设计、施工方案及审批栏。主要填写本工程项目施工组织设计等技术文件是否按实编制，有否贯彻执行的措施，审核、批准手续是否齐全等。

（8）施工技术标准栏。主要填写本工程项目拟采用哪些不低于国家质量验收规范的操作规程（企业标准）等。

（9）工程质量检验制度栏。主要填写本工程项目建立了哪些质量检验制度。如原材料、设备进场检验制度；施工过程的试验报告制度；竣工后的抽查检测制度等。

（10）搅拌站及计量设置栏。主要填写相应管理制度，计量设施精确度及相应的控制措施。

（11）现场材料、设备存放与管理栏。主要填写针对现场材料、设备的存放与管理施工单位建立了哪些制度或相应的管理办法。

需说明的是，施工单位负责人在填写好上述检查项目相应内容之后，尚应将有关文件的原件或复印件附在该表的后面，供总监理工程师或建设单位项目负责人验收核查时参考。监理单位的总监理工程师经检查后，尚需签署现场质量管理制度是否完整的意见，并在签章处签名。

(三)填写范例(表2-5)

施工现场质量管理检查记录表　　　　　　　　　　　　　　　　表 2-5

开工日期:2004 年 3 月 1 日

工程名称	欣欣苑小区 22 号住宅楼	施工许可证(开工证)		沪施 0400118	
建设单位	上海东日房地产有限公司	项目负责人		倪华锋	
设计单位	上海现代设计集团	项目负责人		吴根宝	
监理单位	上海建厦咨询监理有限公司	总监理工程师		金忠盛	
施工单位	上海第五建筑工程公司	项目经理	沈卫东	项目技术负责人	周学军
序号	项 目	内 容			
1	现场质量管理制度	质量例会制度;月评比及奖罚制度;三检及交接制度;质量与经济挂勾制度			
2	质量责任制	岗位责任制;设计交底制度;技术交底制;挂牌制度			
3	主要专业工种操作上岗证书	测量工、钢筋工、起重工、电焊工、架子工有证			
4	分包方资质与管理制度				
5	施工图审查情况	有审查报告及审查批准书(沪设图审 04106)			
6	地质勘察资料	地质勘察报告齐全并有效			
7	施工组织设计、施工方案审批	施工组织设计编制内容齐全,审核、批准手续齐全			
8	施工技术标准	有模板、钢筋、混凝土灌注等十六项			
9	工程质量检验制度	有原材料及施工检验制度;抽测项目的检测计划等			
10	搅拌站及计量设置	有管理制度和计量设施精确度及控制措施			
11	现场材料、设备存放与管理	钢材、砂、石、水泥及玻璃、地面砖的管理办法			

检查结论:

现场质量管理制度基本完整

　　　　总监理工程师　　　　金忠盛

　　(建设单位项目负责人)　　　　　　　　　　　　　　　　2004 年 2 月 20 日

二、检验批质量验收记录表

分项工程内某一检验批验收时,施工单位与监理单位应按"检验批质量验收记录"(表 2-6)的要求,共同填写相应的验收记录,并经施工单位自行检查评定合格,监理单位专业监理工程师签署"同意验收"意见后,方可认为该检验批验收完成。

检验批质量验收记录样表见表 2-6。

_____工程检验批质量验收记录表　　　　　表 2-6
GB 50203—2002　　　　　　　　　　　　　　　　020301□□

单位（子单位）工程名称				
分部（子分部）、分项工程名称			验收部位	
施工单位			项目经理	
施工执行标准名称及编号				
分包单位		分包单位项目经理		
	质量验收规范的规定	施工单位检查评定记录		监理（建设）单位验收录
主控项目 1				
主控项目 2				
主控项目 3				
主控项目 4				
主控项目 5				
主控项目 6				
主控项目 7				
一般项目 1				
一般项目 2				
一般项目 3				
一般项目 4				
一般项目 5				
一般项目 6				
一般项目 7				
施工单位检查评定结果	专业工长（施工员）		施工班组长	
	项目专业质量检查员：　　　　　　　　　年　月　日			
监理（建设）单位验收结论	监理工程师： （建设单位项目专业技术负责人）：　　　年　月　日			

（一）表的名称及编号

检验批表的名称应在制订专用表格时就印好（因为不同的检验批，其验收的内容是有区别的，检验批表的式样也不尽相同），即前边印上该检验批所属分项工程的名称。如"砖砌体工程"。表的名称下边注上质量验收规范的编号。如"GB 50203—2002"。

检验批表的编号按全部施工质量验收规范系列的分部工程、分项工程统一为 8 位数的数码编号，写在表 2-6 的右上角，前 6 位数均可先印在表上，后留两个"□"，供检查验收时填写检验批的顺序号。检验批表编号规则如下：

（1）8 位数的前两个数字是分部工程的代码，从 01～09 编号，分别代表：地基与基础分部工程（01）；主体结构分部工程（02）；建筑装饰装修分部工程（03）；建筑屋面

(04);建筑给排水及采暖（05）;建筑电气（06）;智能建筑（07）;通风与空调（08）;电梯（09）。

（2）第3、4位数字是子分部工程的代码，第5、6位数字是分项工程的代码。

（3）第7、8位数字是各分项工程检验批验收的顺序号，反映了该检验批的数量，由填表人在填表时填写。

编号举例：如主体结构分部工程，混凝土结构子分部，钢筋安装分项工程，其检验批表的编号为：020102□□，其中第三个检验批编号为：020102 0 3。还需说明的是，有些子分部工程中有些项目可能在两个分部工程中出现，这就要在同个表上编2个分部工程及相应子分部工程的编号。如钢筋安装分项工程在地基与基础分部工程和主体结构分部工程中都有，检验批表的编号分别为：010602□□、020102□□。另外，有些规范内的分项工程，在验收时还将其划分为几种不同的检验批来验收。如混凝土结构子分部中的钢筋分项工程，分为钢筋加工和钢筋安装两种检验批来验收。又如该子分部中的混凝土分项工程，其中又有三种（原材料、配合比设计、混凝土施工）不同的检验批。为此，用在其表名下加标罗马数字（Ⅰ）、（Ⅱ）、（Ⅲ）……的方法来区分同一分项工程检验批类型的不同。

（二）表头部分的填写

（1）工程名称。按合同文件上的单位工程名称填写，若有子单位工程，则应标出该部分的位置。如"欣欣苑住宅小区22号房"。分部（子分部）工程名称，须按验收规范划定的分部（子分部）名称填写。验收部位是指该检验批验收的具体位置，即抽样范围。如三层①～⑧轴线砖砌体。

（2）施工单位及项目经理。施工单位名称应填写施工单位的全称，并与合同上公章一致。项目经理、专业工长也应是合同中指定的项目负责人。有分包单位的，尚应填写分包单位全称，项目经理也应是分包合同中指定的项目负责人。

（3）施工执行标准名称及编号。主要填写该分项工程中执行的有关企业标准的名称和编号。

（三）质量验收规范规定栏

质量验收规范规定栏，主要反映了验收规范中规定的主控项目和一般项目的内容。考虑到将条目全部内容填写进去可能有困难，往往需对相应的质量指标予以归纳或简化描述后填写，或填上相应条文号，作为检查内容提示。同时，在表的背面原文摘录规范规定的内容，便于验收时对照。由于施工单位较难把握对原文的归纳或简化描述，故该栏目内容施工单位无需填写，表内已有标注。

（四）施工单位检查评定记录与检查评定结果

该两栏由施工单位项目专业质量检查员负责填写，并注意如下规定：

（1）对定量项目（如轴线位移、平整度偏差等项目）可直接填写检查的数据。并将实测值与相应技术标准规定指标对照，对超过企业标准指标，而没有超过国家验收规范指标的数值，用"〇"将其圈住；对超过国家验收规范指标的数字，用"△"圈住。

（2）对定性项目（如砖砌体组砌方法、斜槎留置要求等项目），当符合规范规定时，采用打"√"的方法标注，当不符合规范规定时，采用打"×"的方法标注。

（3）需根据试验报告结果来判定的项目（如混凝土强度等级、砂浆强度等级等项目），按规定制取试件后，可先填写试件组数编号，待试验报告出来后，再对检验批进行判定，并在分项工程验收时进一步进行强度评定及验收。

（4）对既有定性又有定量的项目，各子项目质量均符合规范规定时，采用打"√"来标注，否则采用打"×"来标注。无此项内容的打"/"来标注。

（5）对一般项目中有合格点要求的项目，在填写好全部实测值的同时，尚应作出合格率的统计。并判定统计结果是否符合下列要求：每个子项都必须有80%以上（混凝土保护层为90%）检测点的实测值达到规范规定，其余20%按各专业质量验收规范规定，最大偏差值不能超过规定值150%（钢结构为120%）。

（6）施工单位自行检查评定合格后，应在评定结果栏内注明"主控项目全部合格，一般项目满足规范规定要求"。最后在签章处签署姓名与验收日期。

（五）监理单位验收记录与验收结论

监理单位依据国家验收规范，对主控项目、一般项目逐项进行验收。对符合验收规范规定的项目，在相应的验收记录内填写"合格"或"符合要求"，并在验收结论栏内填写"同意验收"；对不符合验收规范规定的项目，暂不填写验收记录和验收结论，待处理后再验收。

（六）填写范例（表2-7）

砖砌体工程检验批质量验收记录表 表2-7
GB 50203—2002   020301 03

单位（子单位）工程名称		欣欣苑小区22号住宅楼									
分部（子分部）工程名称		主体分部、砖砌体分项				验收部位			三层墙		
施工单位		上海第五建筑工程公司				项目经理			沈卫东		
施工执行标准名称及编号		QJ068.003-2002 砌砖工艺标准									
质量验收规范的规定				施工单位检查评定记录						监理（建设）单位验收记录	
主控项目	1	砖强度等级	MU10	3份试验报告						符合要求	
	2	砂浆强度等级	M10	试块编号5月8日4-06							
	3	水平灰缝砂浆饱满度	≥80%	86、90、87、90、95、96							
	4	斜槎留置	第5.2.3条	/							
	5	直槎拉结筋及接槎处理	第5.2.4条	√							
	6	轴线位移	≤10mm	16处平均3.3mm，最大6mm							
	7	垂直度（每层）	≤5mm	16处平均2.8mm，最大5mm							
一般项目	1	组砌方法	第5.3.1条	√						符合要求	
	2	水平灰缝厚度10mm	8～12mm	√							
	3	基础顶面、楼面标高	±15mm	4	6	5	3	7	6	3	5	7	1
	4	表面平整度（混水）	8mm	3	6	4	3	5	2			
	5	门窗洞口高宽度	±5mm	⑤	2	1	1	3	⑤	2	1	3
	6	外墙上下窗口偏移	20mm	8	5	7	6	4	3			
	7	水平灰缝平直度	10mm	5	6	4	7	3	9			
施工单位检查评定结果		专业工长（施工员）				施工班组长					
		检查评定合格 项目专业质量检查员：							2004年5月13日		
临理（建设）单位验收结论		同意验收 监理工程师： （建设单位项目专业技术负责人）：							2004年5月13日		

三、分项工程质量验收记录表

分项工程验收是在检验批验收合格的基础上进行。所以，分项工程验收记录表（表2-8）实际上是一张统计表。该表的填写，只是一个将其内含各检验批验收资料进行统计汇总的过程。

分项工程质量验收记录样表见表2-8。

_____分项工程质量验收记录表　　　　　　　　　表 2-8

单位（子单位）工程名称		结构类型	
分部（子分部）工程名称		检验批数	
施工单位		项目经理	
序　号	检验批部位、区段	施工单位检查评定结果	监理（建设）单位验收结论
1			
2			
3			
4			
5			
6			
7			
8			
9			
10			
11			
说明：			

检查结论	项目专业技术负责人： 年　月　日	验收结论	监理工程师： （建设单位项目专业技术负责人）： 年　月　日

（一）表名与表头部分的填写

（1）分项工程验收表的名称一般也在制订专用表格时印好。

（2）表头内工程名称内容的填写与检验批表一致。

结构类型填写按设计文件提供的结构类型、检验批数与原划定的批数一致。

（二）检验批部位、区段与施工单位检查评定结果

该两栏均是统计的内容，先由施工单位项目专业质量检查员将该分项工程内各检验批的具体部位与区段依次整理登记，对验收合格的检验批，可在检查评定结果栏的相应位置上打"√"。登记结束，再由施工单位的项目技术负责人检查并给出评价，符合合格规定的可在施工单位自行检查结论栏内注明"合格"。最后签署姓名与日期。

（三）监理单位验收结论

监理单位的专业监理工程师应对统计内容与结果进行逐项审查。对符合验收规范要求的分项工程，在监理单位验收结论栏内填写"合格"或"符合要求"，最后由总监理工程师给出分项工程验收结论——"同意验收"。对不符合验收规范要求的分项工程，暂不填写验收结论，待处理后再验收。

（四）分项工程质量验收记录注意事项

分项工程质量验收记录表填写时，尚应注意下列三个要点：

（1）检查检验批是否收集齐全、统计完整。即分项工程内原本划定的检验批批数是否均已统计在内，有否缺漏。

（2）检查有混凝土、砂浆强度要求的检验批，待所有质保资料（试验报告等）出来后，重新统计并判断该检验批是否还能达到规范规定的要求。

（3）分项工程记录表可按统一标准划定的顺序编号，并将其内含各检验批的验收记录表汇总后依次附在表的后面，以便于检查和资料归档。

（五）填写范例（表2-9）

砖砌体分项工程质量验收记录表　　　　表2-9

单位（子单位）工程名称	欣欣苑小区22号住宅楼		结构类型	砖混六层
分部（子分部）工程名称	主体分部		检验批数	6
施工单位	上海第五建筑工程公司		项目经理	沈卫东
序号	检验批部位、区段	施工单位检查评定结果	监理（建设）单位验收结论	
1	一层墙①-	√		
2	二层墙①-	√		
3	三层墙①-	√	合格	
4	四层墙①-	√		
5	五层墙①-	√		
6	六层墙①-	√		
7				
8				
	说明： 1. 全高垂直度：检查4点分别为7、9、14、7。平均为9.2，最大值为14 2. 砂浆试块抗压强度依次为11.8、11.9、12.1；9.6、10.2、10.8。平均11.1MPa＞10MPa；最小9.6MPa＞7.5MPa			
检查结论	合格 项目专业技术负责人： 　　　2004年7月16日		验收结论	同意验收 监理工程师： （建设单位项目专业技术负责人）： 　　　2004年7月16日

四、分部（子分部）工程验收记录表

分部（子分部）工程验收记录表（表2-10），一般有表名及表头部分、分项工程验收记录统计、质量控制资料、安全和功能检验（测）报告、观感质量验收和验收单位会签等五栏。验收时应先由施工单位将自行检查评定合格的表填写好后，交监理单位或建设单位。再由总监理工程师组织施工项目经理及有关勘察（地基与基础分部验收时）、设计单位项目负责人进行验收，并按表的要求逐项进行记录。分部（子分部）工程验收记录样表见表2-10。

_____分部（子分部）工程质量验收记录表　　　　　表2-10

单位（子单位）工程名称				结构类型及层数	
施工单位			技术部门负责人	质量部门负责人	
分包单位			分包单位负责人	分包技术负责人	
序号		分项工程名称	检验批数	施工单位检查评定	验收意见
1	分项工程 1				
	分项工程 2				
	分项工程 3				
	分项工程 4				
	分项工程 5				
	分项工程 6				
	分项工程 7				
2	质量控制资料				
3	安全和功能检验（测）报告				
4	观感质量验收				
验收单位	分包单位	项目经理：			
	施工单位	项目经理：			年　月　日
	勘察单位	项目负责人：			年　月　日
	设计单位	项目负责人：			年　月　日
	监理（建设）单位	总监理工程师： （建设单位项目专业负责人）			年　月　日

（一）表名及表头部分

（1）表名：分部（子分部）工程的具体名称填写在分部（子分部）工程的前边，并分

别划掉分部或子分部字样。自制表格的，也可把分部或子分部工程的名称先印好，并隐去需划掉的字样。

（2）表头内工程名称的填写要求与分项工程验收表相同，并注意保持一致。

（3）施工单位技术部门、质量部门负责人与项目的技术、质量负责人是两个不同层次，填写时应注意区别。

（4）结构类型的填写按设计文件提供的结构类型。层数应分别填写地下和地上的层数。

（二）分项工程验收记录统计栏

先由施工单位项目专业负责人或部门负责人将该分部（子分部）工程内所含的各分项工程名称、检验批数依次整理并登记，对自检合格的分项工程，在施工单位检查评定栏内打"√"。登记结束，再交由监理单位总监理工程师或建设单位项目负责人组织审查，符合要求后，在验收意见栏内签注"同意验收"意见。

（三）质量控制资料栏

施工单位先把规范规定的各分部（子分部）工程内应有的质量控制资料，进行编号整理后逐项自查。质量控制资料齐全，且能反映工程质量情况，达到保证结构安全和使用功能要求的，可在该栏内签注"全部符合要求"，并在其后评定栏内打"√"，表示自检合格。监理单位或建设单位核查无异议的签注"同意验收"意见。

（四）安全和功能检验（测）报告栏

对已作过抽样检验（测）项目的分部（子分部）工程，可按规范规定的项目内容及检查要求，先由施工单位自检，再交监理或建设单位核查。自检合格的在相应栏内签注"全部符合要求"，并在其后评定栏内打"√"，核查合格的签注"同意验收"意见。

（五）观感质量验收栏

对可作观感质量验收的分部（子分部）工程，先由施工单位项目经理组织本项目各专业负责人自行检查，合格后，再交由监理单位总监理工程师或建设单位项目负责人组织双方人员共同验收，在充分听取参加检查人员意见的基础上，以总监理工程师为主导共同确定质量评价，共同签认验收结论。

对通过验收的，施工单位可在其填写栏内签注"好"或"一般"的结论，监理单位或建设单位在其填写栏内签注"同意验收"意见。

（六）验收单位会签栏

该栏目须由表列参与工程建设各责任单位的有关人员亲自签名，以示负责并明确各自的质量责任。

（1）施工单位须由总包方项目经理亲自签认。有分包单位的，分包单位的项目经理也应亲自签认。

（2）勘察单位一般只签认地基与基础分部（子分部）工程，由项目负责人亲自签认。

（3）设计单位一般只签认地基与基础、主体结构及重要安装分部（子分部）工程，由该项目设计负责人亲自签认。

（4）监理单位由总监理工程师亲自签认。对没有委托监理单位的项目，可由建设单位项目负责人亲自签认。

（七）填写范例（表2-11）

主体结构分部工程质量验收记录表　　　　　　　　　　　表 2-11

单位（子单位）工程名称		欣欣苑小区 22 号住宅楼		结构类型及层数		砖混六层
施工单位		上海第五建筑工程公司	技术部门负责人	方兆伟	质量部门负责人	郁伍芳
分包单位		/	分包单位负责人		分包技术负责人	
序	号	分项工程名称	检验批数	施工单位检查评定		验收意见
1	1	砖砌体分项工程	6	√		同意验收
	2	模板分项工程	6	√		
分项工程	3	钢筋分项工程	6	√		
	4	混凝土分项工程	6	√		
	5					
	6					
	7					
2		质量控制资料：按表 2-13 相应内容检查，全符合要求			√	同意验收
3		安全和功能检验（检测）报告：按表 2-14 相应内容检查，全符合要求			√	同意验收
4		观感质量验收：按表 2-15 相应内容检查并综合评价			好	同意验收
验收单位	分包单位		项目经理：/			
	施工单位		项目经理：沈卫东			2004 年 8 月 15 日
	勘察单位		项目负责人：王昌宏			2004 年 8 月 15 日
	设计单位		项目负责人：吴根宝			2004 年 8 月 15 日
	监理（建设）单位		总监理工程师：金忠盛 （建设单位项目专业负责人）			2004 年 8 月 15 日

五、单位（子单位）工程质量竣工验收记录系列表

单位（子单位）工程验收由五个部分内容组成，且各部分内容都有专用验收表（表 2-12～表 2-15）。其中单位（子单位）工程质量竣工验收记录表（表 2-12）最具综合性，是单位（子单位）工程验收时最后填写的一张表。

单位（子单位）工程质量竣工验收记录表　　　　　　　　　表 2-12

工程名称			结构类型		层数/建筑面积	
施工单位			技术负责人		开工日期	
项目经理			项目技术负责人		竣工日期	
序号	项目		验收记录		验收结论	
1	分部工程		共　　个分部，经查符合标准及设计要求　　个分部			
2	质量控制资料核查		共　　项， 经审查符合要求　　项， 经核定符合规范要求　　项			
3	安全和主要使用功能核查及抽查结果		共核查　项，符合要求　　项， 共抽查　项，符合要求　　项， 经返工处理符合要求　　项			
4	观感质量验收		共抽查　　项，符合要求　　项 不符合要求　　项			
5	综合验收结论					
参加验收单位	建设单位	监理单位		施工单位		设计单位
	（公章）	（公章）		（公章）		（公章）
	单位(项目)负责人 　年　月　日	总监理工程师 　年　月　日		单位负责人 　年　月　日		单位(项目)负责人 　年　月　日

(一)表头与表名的填写

(1)上述四张表表名的填写方法是相同的。将单位工程或子单位工程的名称(项目批准的工程名称)填写在表名的前边,并将单位或子单位工程字样划掉。

(2)表头部分填写要求同分部(子分部)工程验收表。

(二)质量控制资料核查记录(表2-13)

单位(子单位)工程质量控制资料核查记录表　　　表2-13

工程名称			施工单位		
序号	项目	资料名称	份数	核查意见	核查人
1	建筑与结构	图纸会审、设计变更、洽商记录			
2		工程定位测量、放线记录			
3		原材料出厂合格证书及进场检验(试)验报告			
4		施工试验报告及见证检测报告			
5		隐蔽工程验收记录			
6		施工记录			
7		预制构件、预拌混凝土合格证			
8		地基基础、主体结构检验及抽样检测资料			
9		分项、分部工程质量验收记录			
10		工程质量事故及事故调查处理资料			
11		新材料、新工艺施工记录			
12					
1	给排水与采暖	图纸会审、设计变更、洽商记录			
2		材料、配件出厂合格证书及进场检(试)验报告			
3		管道、设备强度试验、严密性试验记录			
4		隐蔽工程验收记录			
5		系统清洗、灌水、通水、通球试验记录			
6		施工记录			
7		分项、分部工程质量验收记录			
8					
1	建筑电气	图纸会审、设计变更、洽商记录			
2		材料、设备出厂合格证书及进场检(试)验报告			
3		设备调试记录			
4		接地、绝缘电阻测试记录			
5		隐蔽工程验收记录			
6		施工记录			
7		分项、分部工程质量验收记录			
8					

续表

工程名称			施工单位		
序号	项目	资 料 名 称	份数	核 查 意 见	核 查 人
1	通风与空调	图纸会审、设计变更、洽商记录			
2		材料、设备出厂合格证书及进场检（试）验报告			
3		制冷、空调、水管道强度试验、严密性试验记录			
4		隐蔽工程验收记录			
5		制冷设备运行调试记录			
6		通风、空调系统调试记录			
7		施工记录			
8		分项、分部工程质量验收记录			
9					
1	电梯	土建布置图纸会审、设计变更、洽商记录			
2		设备出厂合格证书及开箱检验记录			
3		隐蔽工程验收记录			
4		施工记录			
5		接地、绝缘电阻测试记录			
6		负荷试验、安全装置检查记录			
7		分项、分部工程质量验收记录			
8					
1	智能建筑	图纸会审、设计变更、洽商记录、竣工图及设计说明			
2		材料、设备出厂合格证与技术文件及进场检（试）验报告			
3		隐蔽工程验收记录			
4		系统功能测定及设备调试记录			
5		系统技术、操作和维护手册			
6		系统管理、操作人员培训记录			
7		系统检测报告			
8		分项、分部工程质量验收报告			
9					

结论：

施工单位项目经理：　　　　　　　　　总监理工程师：
　　　　　　　　　　　　　　　　　　（建设单位项目负责人）

　　　　　　　年 月 日　　　　　　　　　　　　　　年 月 日

　　如果单位（子单位）工程内所含各分部（子分部）工程验收均已合格，那么该表只是一张统计表，没有实质性验收内容。只是将每个分部工程质量控制资料进行逐项统计，依次装订成册，注明份数并签注施工单位复查结论后交由监理单位审核。监理审查符合要求，即满足资料完整判定条件的，在核查意见栏内签注"同意验收"意见，最后签署核查人姓名。

如果单位（子单位）工程内尚有验收不合格的分部工程，且正是由该分部工程质量控制资料不完整引起，那么还应按分部（子分部）工程验收程序和记录核查方法重新验收，符合要求后，再完成该表的汇总。

（三）安全和功能检验资料核查及主要功能抽查记录（表2-14）

单位（子单位）工程安全和功能检验
资料核查及主要功能抽查记录　　　　　　　　　　　　　表2-14

工程名称			施工单位			
序号	项目	安 全 和 功 能 检 查 项 目	份数	核查意见	抽查结果	核查（抽查）人
1	建筑与结构	屋面淋水试验记录				
2		地下室防水效果检查记录				
3		有防水要求的地面蓄水试验记录				
4		建筑物垂直度、标高、全高测量记录				
5		抽气（风）道检查记录				
6		幕墙及外窗气密性、水密性、耐风压检测报告				
7		建筑物沉降观测测量记录				
8		节能、保温测试记录				
9		室内环境检测报告				
10						
1	给排水与采暖	给水管道通水试验记录				
2		暖气管道、散热器压力试验记录				
3		卫生器具满水试验记录				
4		消防管道、燃气管道压力试验记录				
5		排水干管通球试验记录				
6						
1	电气	照明全负荷试验记录				
2		大型灯具牢固性试验记录				
3		避雷接地电阻测试记录				
4		线路、插座、开关接地检验记录				
5						
1	通风与空调	通风、空调系统试运行记录				
2		风量、温度测试记录				
3		洁净室洁净度测试记录				
4		制冷机组试运行调试记录				
5						
1	电梯	电梯运行记录				
2		电梯安全装置检测报告				
1	智能建筑	系统试运行记录				
2		系统电源及接地检测报告				
3						

结论：

施工单位项目经理：　　　　　　年　月　日　　　　总监理工程师：
　　　　　　　　　　　　　　　　　　　　　　　　（建设单位项目负责人）　　年　月　日

安全和功能检验资料核查与主要功能抽查两个项目，均是由施工单位先自行检查或抽查，且评定合格后，再交由总监理工程师组织审查（程序和内容基本一致）。在按规定项目逐个验收后，将核查和抽查的项数统计出来，分别填入相应的验收记录栏内，并签署"符合要求"核查意见，给出"符合要求"抽查结果。最后由总监理工程师或建设单位项目负责人在验收结论栏内签注"同意验收"意见。

（四）单位（子单位）工程观感质量检查记录（表2-15）

单位（子单位）工程观感质量检查记录　　　　　　　　　　表2-15

工程名称			施工单位				
序号	项目		抽查质量状况		质量评价		
					好	一般	差
1	建筑与结构	室外墙面					
2		变形缝					
3		水落管、屋面					
4		室内墙面					
5		室内顶棚					
6		室内地面					
7		楼梯、踏步、护栏					
8		门窗					
1	给排水与采暖	管道接口、坡度、支架					
2		卫生器具、支架、阀门					
3		检查口、扫除口、地漏					
4		散热器、支架					
1	建筑电气	配电箱、盘、板、接线盒					
2		设备器具、开关、插座					
3		防雷、接地					
1	通风与空调	风管、支架					
2		风口、风阀					
3		风机、空调设备					
4		阀门、支架					
5		水泵、冷却塔					
6		绝热					
1	电梯	运行、平层、开关门					
2		层门、信号系统					
3		机房					
1	智能建筑	机房设备安装及布局					
2		现场设备安装					
观感质量综合评价							
检查结论	施工单位项目经理：　　年　月　日　　　　总监理工程师： （建设单位项目负责人）　　年　月　日						

注：质量评价为"差"的项目，应进行返修。

按分部（子分部）工程观感质量验收的方法，就规范规定的检查项目，重点验收那些最后形成的尚未验收过的项目。同时，全面复查其余分部（子分部）工程观感质量的变化情况，或成品保护情况。并将抽查或核查的质量状况填写在相应的验收记录栏内（符合要求的项目打"√"，不符合要求的项目打"×"），给出每个项目质量评价（"好"、"一般"、"差"）。最后由总监理工程师或建设单位项目负责人为主导共同确定单位工程观感质量综合评价的结果（"好"、"一般"、"差"），并在验收结论栏内签注"同意验收"的结论。

（五）单位（子单位）工程质量竣工验收记录表（表2-12）

单位（子单位）工程质量竣工验收记录表内前四个项目（分部工程、质量控制资料核查、安全和主要使用功能核查及抽查结果、观感质量验收），其验收记录的填写（统计），可由施工单位项目经理组织有关人员进行，验收结论（观感质量为"好"、"一般"、"差"，其余为"同意验收"）由监理单位或建设单位经核查后填写。综合验收结论，由参加验收各方共同商定，建设单位填写。对参与验收各方均通过验收（同意验收）的，签注"通过验收"或"符合设计和规范要求，质量合格"的结论。其中任何一方不同意验收的，可暂不形成表格或暂不给出综合验收结论，待返修完善后再形成表格。参加验收单位签名栏，须由各单位的负责人亲自签字，并加盖单位公章，注明验收日期。

第七节　建筑工程施工质量检验的主要方法及器具

建筑工程施工质量现场检验的主要方法可以分为：观感检查法、实测实量法和试验检查法等三类。

一、观感检查法

观感检查法（俗称目测法），是指检查者通过用眼、手、脚、耳、鼻等感觉器官并适当借助于一些简单的器具，对工程实体、材料、构件、配件、设备等质量作出定性判断的一种方法。

观感检查法的常用手段可以归纳为看、摸、敲、照、闻等。

（1）看：就是检查者根据质量标准要求，直接用眼睛对工程实体、材料、构件、配件、设备等的外观进行观察检查，必要时也可借助于放大镜或者望远镜进行观察。看是现场质量检查中最基本、最常用的手段。

（2）摸：就是检查者通过手摸的感觉，检查工程实体的表面是否平整、光滑，接缝是否高低，饰面表面是否掉粉、有否起砂等。

（3）敲：就是借助于各种专用小锤或类似作用的简单器具，对各种饰面层进行适度的敲击，通过敲击过程产生的声音虚实判定有无空鼓。

（4）照：对难以直接观察到或光线较暗的部位，借助镜子反射或灯光照射的方法进行观察检查。

（5）闻：就是用鼻的嗅觉闻气味，凭经验判断化学材料及其形成的工程实体中的成分及其挥发是否正常等。

二、实测实量法

实测实量法（俗称实测法），就是根据施工质量验收规范所规定的项目，用各种专用的测量器具对工程实体、材料、构件、配件、设备等，进行实际测量并取得有关数据，对照标准要求对实物质量进行定量判断的一种方法。

实测实量法的常用手段可归纳为量、靠、吊、塞、套等。

（1）量：是用各种尺，量测检查工程实体的轴线、标高、各种尺寸，量测检查各种材料、构件、配件的外观尺寸、厚度等。

（2）靠：是用规定长度的直尺和楔形塞尺，检查工程实体各部位平面的平整度。

（3）吊：是用线锤吊线检查工程实体线、角、立面等垂直度。

（4）塞：是用楔形塞尺检查各种缝隙尺寸的大小。

（5）套：是用规定尺寸的直角方尺，检查工程实体有关部位是否方正等。

三、试验检查法

试验检查法是指采用各种专门的检测仪器设备，在施工现场，按有关技术标准的要求，对工程实体、材料、构件、配件、设备等，直接进行无损或局部破损的检测试验，测得强度、密实度、含水率、承载力等的实际数据，判断质量是否符合规范规定的要求。

在施工现场尽可能多地采用各种操作简便、数据准确可靠的专门检测仪器设备，检查工程实体、材料、构件、配件、设备等内在质量，是工程质量验收的重要发展方向。

复 习 思 考 题

1. 建筑工程施工质量验收规范框架体系由哪些技术标准组成？
2. 建筑工程施工质量验收规范（系列标准）的落实和执行，尚需得到哪些标准的支持？
3. 试述建筑工程施工质量验收的依据。
4. 试述验收规范系列标准中强制条文的性质与作用。
5. 建筑工程施工质量管理应符合哪些要求？
6. 试述建筑工程施工质量控制的三个环节。
7. 建筑工程施工质量验收应遵循哪些原则规定？
8. 试述分项工程、检验批划分的原则。
9. 试述建筑工程质量验收划分的注意事项。
10. 试述检验批质量合格判定的条件。
11. 试述分部（子分部）工程质量合格判定的条件。
12. 试述单位（子单位）工程质量合格判定的条件。
13. 试述建筑工程质量验收程序及组织方式。
14. 按检验批表编号规则，分别写出下列检验批的编号（8位数）：
    (1) 主体结构工程、混凝土结构子分部、钢筋安装分项，第一个检验批；
    (2) 地基与基础分部工程、桩基子分部、静力压桩分项，第二个检验批；
    (3) 建筑装饰分部工程、抹灰子分部、一般抹灰分项，第五个检验批。
15. 试述建筑与结构工程质量控制资料的内容。
16. 建筑与结构工程内涉及安全和功能检查的项目有哪些？
17. 建筑与结构工程内需作观感质量检查的项目有哪些？

第三章 地基与基础工程施工质量验收

地基与基础分部工程内含土方工程（有支护土方、无支护土方）、地基处理、桩基等9个子分部工程。每个子分部工程内分别又含有若干个分项工程。该分部工程涉及项目内容多、施工技术复杂、验收评价难度大的特点十分明显。由于其中的混凝土基础、砌体基础和钢结构子分部工程质量的验收标准和检查方法与主体结构工程中相应子分部工程检查验收基本一致（检验批数量可能有区别），所以，本章主要以地基处理、桩基础、土方工程、基坑工程等子分部工程的质量验收为例，并就常见地基、桩基础、支护结构等分项工程为重点，逐一介绍相应的质量验收标准、检查数量与验收方法以及质量验收时应形成的验收记录。

第一节 地 基 处 理

地基土种类多且复杂，一般分为：岩石、碎石土、砂土、粉土、黏性土、人工填土等。当地基土的抗剪强度、压缩变形、透水性等不能满足工程设计要求时，要采用相应的地基处理方法，以改善地基土的性能，消除可能产生的危害，以满足建筑工程的安全及使用要求。地基处理的主要对象是软弱地基（如软黏土、杂填土等）和特殊土地基（如膨胀土、湿陷性黄土等）。地基处理的方法又是多种多样的，如换填法、密实法、排水法、加筋法、注浆法等等。本节仅介绍几种常用的地基处理方法，并重点介绍地基处理后的验收内容、验收方法与验收标准。

一、一般规定

（一）建筑物地基加固处理前，必须掌握以下资料

（1）岩土工程勘察资料。当提供资料不能反映被加固地基土性状和工程性质时，为保证地基处理有效性，必须进一步作专门的施工勘察，全面了解地基土性状及工程性质。

（2）邻近建筑物和地下设施的类型、分布及结构质量情况。以便事先制订好针对性的保护措施。

（3）地基处理工程设计图纸、设计要求及需达到的质量标准、检验手段。以便于按图施工，并有规范的验收方法和验收标准。

（二）地基处理所用的砂、石子、水泥、钢材、石灰、粉煤灰等原材料的质量、检验项目、批量和检验方法，应符合国家现行标准的规定。

（三）地基加固工程，应在正式施工前进行试验段施工，论证设定的施工参数及加固效果。为验证加固效果所进行的载荷试验，其施加载荷应不低于设计载荷的2倍。

（四）地基施工结束，宜在一个间歇期后进行质量验收，间歇期由设计确定。

二、灰土地基

灰土地基,从地基处理的作用机理来看属密实法。即以土与石灰(或水泥)的混合料为填料,利用人工或机械分层回填碾压加固后的地基。适用于浅层地基处理。

(一) 主控项目

(1) 地基承载力:灰土加固后的地基承载力必须达到设计要求的标准。

检验方法:按设计规定的检查方法或浅层平板载荷法。

检验数量:每单位工程不应少于3点,1000m²以上工程,每100m²至少应有1点,3000m²以上工程,每300m²至少应有1点。每一独立基础下至少应有1点,基槽每20延米应有1点。

(2) 灰土的配合比:目测量具容积并拌合到色泽均匀,量测配合比量具。灰土配料(体积比)应满足设计要求,当设计无特殊要求时,一般为2∶8或3∶7。

(3) 压实系数:环刀取样测定其干重度,也可用环刀取样法和贯入度测定法配合使用,在环刀取样的周围用贯入法测定。压实系数应符合设计规定,当设计没有规定时可参照表3-1执行。

灰土质量标准　　表3-1

项	土料种类	灰土最小干重度(g/cm³)
1	粉土	1.55
2	粉质黏土	1.50
3	黏土	1.45

(二) 一般项目

(1) 石灰粒径:每天对不同批的熟石灰用筛分法检测。石灰粒径不得大于5mm,且不应夹有未熟化的生石灰块粒及其他杂质。

(2) 土料有机质含量:选定土料产地时,用焙烧法检测有机质含量。土料有机质含量不得大于5%。

(3) 土颗粒粒径:每天对不同批土料用筛分法检测。土颗粒粒径不得大于15mm。

(4) 含水量(与要求的最优含水量比较):用烘干法检测并决定最优含水量后,再实测土料的实际含水量。含水量偏差值不得超过±2%。

(5) 分层厚度(与设计要求厚度比较):用水准仪测量检查分层厚度。分层厚度与设计要求厚度比较,偏差值不得超过±50mm。

(三) 灰土地基分项工程验收记录

灰土地基分项工程质量验收时应形成如下记录:

(1) 地基验槽记录;
(2) 配合比试验记录;
(3) 环刀法与贯入度法检测报告;
(4) 最优含水量检测记录和施工含水量实测记录;
(5) 载荷试验报告;
(6) 每层现场实测压密系数的施工竣工图;
(7) 分段施工时上、下两层搭接部位和搭接长度记录;
(8) 灰土地基分项质量检验记录(每一个检验批提供一份记录)。

(四) 质量验收标准

灰土地基分项工程质量应符合表3-2的规定。

灰土地基质量检验标准　　　　　　　　　表 3-2

项	序	检查项目	允许偏差或允许值		检查方法
			单位	数值	
主控项目	1	地基承载力	设计要求		按规定方法
	2	配合比	设计要求		按拌合时的体积比
	3	压实系数	设计要求		现场实测
一般项目	1	石灰粒径	mm	≤5	筛分法
	2	土料有机质含量	%	≤5	试验室焙烧法
	3	土颗粒粒径	mm	≤5	筛分法
	4	含水量（与要求的优含水量比较）	%	±2	烘干法
	5	分层厚度偏差（与设计要求比较）	mm	±50	水准仪

三、砂和砂石地基

砂及砂石地基，属地基处理方法中换填法（挖除换土法）。即将基底以下一定深度内的软土层部分或全部挖除，然后回填入较好的砂石料，分层夯实作为持力层。

（一）主控项目

砂、石等原材料质量、配合比、压实系数、地基处理后的承载力均应符合设计要求。检查方法、检查数量与灰土地基的规定相一致。

（二）一般项目

（1）砂石料有机含量与含泥量：在选料时进行有机含量和含泥量检测，有机含量用焙烧法检测，含泥量用水洗法检测。当材料有变更时，需重新检测。砂石料有机含量与含泥量均不得大于 5%。

（2）石料粒径：每批来料均应在现场用筛分法检测。石料粒径不应大于 100mm（≤100mm）。

（3）含水量（与最优含水量比较）：现场每天拌料前用烘干法测量，当材料变更或环境变更时，需重新测量与最优含水量的偏差。偏差值应控制在 ±2% 内。

（4）分层厚度（与设计要求比较）：每层下料前用水准仪测定基层高程，用插钎法控制分层厚度。钎的布点数可视现场平面形状而定，以能控制分层厚度为原则。分层厚度偏差应控制在 ±50mm 范围内。

（三）砂和砂石地基质量验收记录

砂和砂石地基分项工程质量验收时应形成如下验收记录：

（1）地基验槽记录；

（2）配合比试验记录；

（3）环刀法与贯入度法检测报告；

（4）最优含水量检测记录和施工含水量实测记录；

（5）载荷试验报告；

（6）每层现场实测压密系数的施工竣工图；

（7）分段施工时上、下两层搭接部位和搭接长度记录；

（8）砂和砂石地基分项工程质量检验记录（每一个检验批应提供一份记录）。

（四）分项工程质量验收标准

砂及砂石地基质量验收应符合表 3-3 规定。

砂及砂石地基质量检验标准　　　　　　　表 3-3

项	序	检查项目	允许偏差或允许值		检查方法
			单位	数值	
主控项目	1	地基承载力	设计要求		按规定方法
	2	配合比	设计要求		检查拌合时的体积比或重量比
	3	压实系数	设计要求		现场实测
一般项目	1	砂石料有机质含量	%	≤5	焙烧法
	2	砂石料含泥量	%	≤5	水洗法
	3	石料粒径	mm	≤100	筛分法
	4	含水量（与最优含水量比较）	%	±2	烘干法
	5	分层厚度（与设计要求比较）	mm	±50	水准仪

四、水泥土搅拌桩地基

水泥土搅拌桩地基，属地基处理方法中水泥搅拌法（也称深层搅拌法）。即利用深层搅拌机，将水泥浆和地基土拌合，形成柱状水泥土体，可提高地基承载力，减少沉降，增加稳定性和防止渗漏等。适用于淤泥、淤泥质土、粉土和含水量较高且承载力较低的黏性土等。

（一）主控项目

（1）水泥及外掺剂质量：按进货批查水泥出厂质量证明书和现场抽验试验报告；按外掺剂品种、规格查产品合格证书。水泥品种、强度等级，外掺剂品种、掺量等均应符合设计要求。

（2）水泥用量：逐桩检查灰浆泵流量计，计算输入桩内浆液用量，并与设计确定的水泥掺入置换率比较，水泥实际用量应大于设计要求的用量。

（3）桩体强度：水泥土桩应在成桩后 7d 内进行质量跟踪检验。当设计没有规定方法时可用轻便触探器中附带的勺钻钻取桩身加固土样，观察搅拌均匀程度和判断桩身强度，或用静力探测试桩身强度沿深度的变化。检验数量为总数的 0.5%～1%，但不能少于 3 根。对粉喷桩触探点的位置应在桩径方向 1/4 处。对 N_{10} 贯入 100mm 击数少于 10 击不合要求的桩体要进行桩头补强。轻便触探贯入桩体的深度不小于 1.0m，当每贯入 100mm，N_{10} ≥30 击时可停止贯入。工程需要时，可在桩头截取试块或钻芯取样作抗压强度试验，必要时可取基础下 500mm 长的桩段进行现场抗压强度试验。当用试件作强度检验时，承重水泥土搅拌桩应取 90d 后的试件；支护水泥土搅拌桩应取 28d 后的试件。

（4）地基承载力：按设计规定方法进行检验，当设计没有规定时，水泥土搅拌桩的承载力可用单桩或复合地基载荷试验，载荷试验宜在 28d 后进行。承载力检验数量以每个场地（同一规格型号搅拌机、同一设计要求、同一地质条件为一个场地）桩总数的 0.5%～1% 为准，但不应少于 3 根。

（二）一般项目

(1) 机头提升速度：用钟表和钢尺配合测量机头每分钟上升的距离（每桩全程控制）。机头提升速度应控制在 0.5m/min 以内（≤0.5m/min）。

(2) 桩底标高：水准仪全数测量机头喷浆口深度。桩底标高偏差应控制在 ±200mm 范围内。

(3) 桩顶标高：开挖后用水准仪和钢尺配合测量（桩最上部 500mm 不计入桩顶标高）。桩顶标高偏差应控制在 −50~100mm 范围内。

(4) 桩位偏差：土方开挖后凿除桩顶松软部分，并弹出轴线，用钢尺实测桩中心与设计桩中心位置的偏差。桩位偏差应不大于 50 mm。

(5) 桩径：土方开挖后，凿去桩顶松软部分，用钢尺全数量测桩直径与设计桩径的偏差。桩径偏差不应大于 $0.04D$（D 为设计桩径），即实际桩径不应小于设计桩径的 0.96 倍。

(6) 垂直度：用经纬仪控制并测量搅拌头轴的垂直度。垂直度偏差不应大于设计桩长的 1.5%。

(7) 搭接：对相邻搭接要求严格的工程，在养护到一定龄期后，选定数根桩体进行开挖检查，两桩的搭接应大于 200mm 为合格。

（三）质量验收标准

水泥土搅拌桩地基分项工程质量验收应符合表 3-4 规定。

水泥土搅拌桩地基质量检验标准　　　　表 3-4

项目	序	检查项目	允许偏差或允许值		检查方法
			单位	数值	
主控项目	1	水泥及外掺剂重量		设计要求	查产品合格证书或抽样送检
	2	水泥用量		参数指标	查看流量计
	3	桩体强度		设计要求	按规定方法
	4	地基承载力		设计要求	按规定方法
一般项目	1	机头提升速度	m/min	≤0.5	量机头上升距离及时间
	2	桩底标高	mm	±200	测机头深度
	3	桩顶标高		+100 −50	水准仪（最上部 500mm 不计入）
	4	桩位偏差	mm	<50	用钢尺量
	5	桩径		<0.04D	用钢尺量，D 为桩径
	6	垂直度	%	≤1.5	经纬仪
	7	搭接	mm	>200	用钢尺量

（四）分项工程验收记录

水泥土搅拌桩地基分项工程验收时应形成如下验收记录：

(1) 水泥土搅拌桩施工桩位图与设计说明；

(2) 建筑物范围内的地质勘察资料；

(3) 材料出厂质量证书或复试试验报告；

（4）试成桩确认的施工参数；

（5）施工竣工平面图（包括桩底标高、桩体直径、桩位偏差、桩顶标高等）；

（6）水泥土搅拌桩施工记录（包括拌浆、输浆量、喷浆和复搅时机头的提升速度、桩底座浆、桩端搅拌、桩顶搅拌、停浆处理情况等）；

（7）水泥土搅拌桩桩体强度测试报告；

（8）水泥土搅拌桩地基承载力测试报告；

（9）开挖检验记录；

（10）水泥土搅拌桩地基检验批验收记录。

第二节 桩 基 础

桩基础是在天然地基或地基加固处理都不能满足建筑对地基承载力和沉降要求时采用。它的作用是将上部结构的荷载通过桩身与桩端传递至深层较坚硬的土层地基中，能承受较大的荷载和减少建筑物不均匀沉降。

桩基础种类较多。按成桩方式不同，可分为非挤土桩（如钻孔灌注桩、挖孔桩等）；挤土桩（如打入式或静力压入式预制桩、挤土灌注桩等）；部分挤土桩（如预钻打入式预制桩、打入式敞开钢管桩等）。本节仅以静力压桩（非冲击力沉桩）、混凝土预制桩（锤击沉桩）和混凝土灌注桩（钻孔灌注桩）为例，介绍其相应的质量验收标准和验收方法。

一、一般规定

（一）桩基工程的桩位验收，除设计有规定外，尚应按下述要求进行：

（1）当桩顶设计标高与施工场地标高相同时，或桩基施工结束后，有可能对桩位进行检查时，桩基工程的验收应在施工结束后进行。

（2）当桩顶设计标高低于施工场地标高，送桩后无法对桩位进行检查时，对打入桩可在每根桩顶沉至场地标高时，进行中间验收，对灌注桩可对护筒位置做中间验收，待全部桩施工结束，承台或底板开挖到设计标高后，再做最终验收。

（二）桩身质量抽样检验

对设计等级为甲级或地质条件复杂，成桩质量可靠性低的灌注桩，抽检数量不应少于总数的30%，且不应少于20根；其他桩基工程的抽检数量不应少于总数的20%，且不应少于10根；对混凝土预制桩及地下水位以上且终孔后经过核验的灌注桩，检验数量不应少于总桩数的10%，且不得少于10根。每根柱子承台下不得少于1根。

（三）原材料的检验

对砂、石子、钢材、水泥等原材料的质量、检验项目、批量和检验方法，应符合国家现行标准的规定。

二、静力压桩

静力压桩包括锚杆静压桩、预制混凝土桩、先张法预应力管桩、钢桩等非冲击力沉桩。

（一）主控项目

（1）桩体质量检验：抽检数量应符合一般规定的要求。检查方法按《建筑工程基桩检测技术规范》JGJ/106—2002实施。

(2) 桩位偏差：承台或底板开挖到设计标高后，放测好轴线，逐桩检查压桩的桩中心与设计桩位的偏差。偏差的允许范围见表3-5。

(3) 承载力：对于地基基础设计等级为甲级或地质条件复杂应采用静载试验的方法进行检验，检验桩数不应少于总桩数的1%，且不应少于3根，当总桩数少于50根时，不应少于2根。对地基基础设计等级乙级（含乙级）以下的桩，可按《建筑工程基桩检测技术规范》JGJ/T106—2002选用检测方法，但检测方法和数量必须得到设计单位的同意。

预制桩（钢桩）桩位的允许偏差（mm）　　　　　　　　　　　表3-5

项	项　　　　目	允许偏差
1	盖有基础梁的桩：(1) 垂直基础梁的中心线 (2) 沿基础梁的中心线	$100+0.01H$ $150+0.01H$
2	桩数为1~3根桩基中的桩	100
3	桩数为4~16根桩基中的桩	1/2桩径或边长
4	桩数大于16根桩基中的桩：(1) 最外边的桩 (2) 中　间　桩	1/3桩径或边长 1/2桩径或边长

（二）一般项目

1. 成品桩质量检验

(1) 钢筋混凝土预制桩的质量检验应符合表3-6的规定。

钢筋混凝土预制桩的质量检验标准　　　　　　　　　　　表3-6

项	序	检　查　项　目	允许偏差或允许值		检查方法
			单位	数值	
一般项目	1	砂、石、水泥、钢材等原材料（现场预制时）	符合设计要求		查出厂质保文件或抽样送检
	2	混凝土配合比及强度（现场预制时）	符合设计要求		检查称量及查试块记录
	3	成品桩外形	表面平整，颜色均匀，掉角深度<10mm，蜂窝面积小于总面积0.5%		直观
	4	成品桩裂缝（收缩裂缝或起吊、装运、堆放引起的裂缝）	深度<20mm，宽度<0.25mm，横向裂缝不超过边长的一半		裂缝测定仪。该项在地下水有侵蚀地区及锤击数超过500击的长桩不适用
	5	成品桩尺寸：横截面边长 桩顶对角线差 桩尖中心线 桩身弯曲矢高 桩顶平整度	mm mm mm mm mm	±5 <10 <10 <1/1000L <2	用钢尺量 用钢尺量 用钢尺量 用钢尺量，L为桩长 用水平尺量

(2) 先张法预应力管桩的质量检验应符合表3-7的规定。

先张法预应力管桩成品桩质量检验标准　　表 3-7

检查项目	允许偏差或允许值		检查方法
	单位	数值	
外　观	无蜂窝、露筋、裂缝、色感均匀、桩顶处无孔隙		直观
桩　径	mm	±5	用钢尺量
管壁厚度	mm	±5	用钢尺量
桩尖中心线	mm	10	用钢尺量
顶面平整度	mm	<2	用水平尺量
桩顶弯曲		<1/1000L	用钢尺量，L 为桩长

2．半成品硫磺胶泥的检验

按批量产品合格证或随批抽样送验，合格后方准予使用。压桩完成后检查硫磺胶泥试件报告。

3．接桩（电焊接桩）

（1）锚杆静压桩和混凝土预制桩电焊接桩时，在上下节桩平面合拢后，用钢尺量全部对接平面偏差。两个平面的偏差应小于 10mm。

（2）先张法预应力管桩或钢桩电焊接桩时上下节桩端部的错口。用钢尺量测每根桩节头错口，当管桩外径≥700mm 时，错口应控制在 3mm 内（≤3mm）；当管桩外径<700mm 时，错口应控制在 2mm 内（≤2mm）。用焊缝检查仪测量每条焊缝咬边深度，焊缝咬边深度不应大于 0.5mm（≤0.5mm）。

（3）用焊缝检查仪测量焊缝加强层高度与宽度，焊缝加强层高度与宽度均应满足相应的设计要求。允许偏差为 2mm（不允许有负偏差）。

（4）用目测法直观检查焊缝外观质量。外观检查应无气孔、无焊瘤、无裂缝等现象。

4．电焊条质量

检查产品合格证书，电焊条的规格、型号应符合设计要求。若产品合格证书中注明电焊条需烘焙后使用的，则必须应提供相应的烘焙记录。

5．压桩压力

当压桩到设计标高时，读取并记录最终压桩力，并与设计要求压桩力相比较。压力值允许偏差应控制在±5%以内。当压力值偏差在－5%以上时，应向设计单位提出，确定处置与否。

6．接桩平面偏差与节点弯曲矢高

用钢尺量测上下节桩的平面偏差与节点弯曲矢高。上下节桩平面偏差控制在 10mm 以内；节点弯曲矢高的偏差不应超过两节桩长的 1/1000。

7．桩顶标高

对于桩顶标高高于或等于自然地面标高的桩，在压桩到设计标高后，直接用水准仪测量桩顶标高；对桩顶标高低于自然地坪标高的桩，在桩顶标高与自然地面齐平时，先测定好该位置桩顶标高，再送桩至设计标高后，用水准仪测量送桩深度，标出桩顶最终标高。桩顶标高的允许偏差为±50mm。

（三）质量验收标准

静力压桩分项工程质量验收应符合表 3-8 规定。

静力压桩质量检验标准 表3-8

项	序	检查项目	允许偏差或允许值		检查方法
			单位	数值	
主控项目	1	桩体质量检验	按基桩检测技术规范		按基桩检测技术规范
	2	桩位偏差	见表3-5		用钢尺量
	3	承载力	按基桩检测技术规范		按基桩检测技术规范
一般项目	1	成品桩质量　外观　外形尺寸　强度	表面平整，颜色均匀，掉角深度<10mm，蜂窝面积小于总面积0.5%　见表3-6　满足设计要求		观察　见表3-6　查产品合格证书或钻芯试压
	2	硫磺胶泥质量（半成品）	设计要求		查产品合格证书或抽样送检
	3	接桩　焊缝质量　电焊接桩	按GB50202—2002（表5.2.5）规定		按GB50202—2002（表5.2.5）规定
		电焊结束后停歇时间	min	>0.1	秒表测定
		硫磺胶泥接桩：胶泥浇注时间	min	<2	秒表测定
		浇注后停歇时间	min	>7	秒表测定
	4	电焊条质量	设计要求		查产品合格证书
	5	压桩压力（设计有要求时）	%	±5	查压力表读数
	6	接桩时上下节平面偏差　接桩时节点弯曲矢高	mm	<10　<1/1000L	用钢尺量　用钢尺量，L为两节桩长
	7	桩顶标高	mm	±50	水准仪

（四）分项工程验收记录

静力压桩分项工程验收时应形成如下验收记录：

（1）工程地质勘测报告；

（2）桩位施工图；

（3）桩位控制点、线，标高控制点的复核记录，单桩定位控制记录；

（4）压桩施工记录；

（5）桩位中间验收记录、每根桩每节桩的接桩记录和硫磺胶泥试件试验报告或焊接桩的探伤报告；

（6）现场预制桩的检验记录（包括材料合格证、材料试验报告、混凝土配合比、现场混凝土计量和坍落度检验记录、钢筋骨架隐蔽工程验收、每批浇筑验收批检验记录等）；

（7）成品桩的出厂合格证及进场后对该批成品桩的检验记录；

（8）停压标准有变更时的研究处理意见；

（9）桩位竣工平面图（包括桩位偏差、桩顶标高、桩身垂直度）；

（10）周围环境检测的记录；

（11）压桩验收批记录。

三、混凝土预制桩（锤击沉桩）

（一）主控项目

混凝土预制桩（锤击沉桩），其质量验收主控项目的内容、检查方法、检查数量与静力压桩的规定一致。

（二）一般项目

1．原材料质量

现场预制桩所需的砂、石、水泥、钢材等原材料，在进场使用前，应检查出厂质保资料或抽样送检。原材料质量应符合设计要求。

2．混凝土配合比及强度

检查配料称量及试块记录，混凝土配合比及强度应符合设计要求。

3．成品桩质量检验

质量标准与表3-6规定相同。

4．接桩质量检验

焊接接桩质量要求同静力压桩。

5．停锤标准

按设计规定的贯入度和桩尖标高要求进行检查，在打桩进行过程中，应在现场实测最后贯入度和桩尖标高，符合设计要求可以停锤，打桩全部结束时可查打桩记录。对于设计要求采用贯入度和标高同时控制（双控）的，在某个指标与设计规定值相差较大时，应召集有关单位重新研究决定停锤标准。

6．桩顶标高

正常情况下可用水准仪在桩顶与场地标高齐平时测量桩顶标高，若桩顶标高低于场地标高，则在送桩至设计标高时测量。桩顶标高允许偏差应控制在±50mm以内。对于需截桩的桩，其桩顶标高应由设计确定。

（三）混凝土预制桩分项工程验收记录

混凝土预制桩分项工程质量验收时应形成记录，其内容及要求与静力压桩基本一致。

（四）质量验收标准

混凝土预制桩（锤击沉桩）分项工程质量验收应符合表3-9规定。

四、钢筋混凝土灌注桩

（一）钢筋混凝土灌注桩钢筋笼质量

1．主控项目

（1）主筋间距：钢筋笼预制加工后，用钢尺全数量测每个钢筋笼的笼顶、笼中、笼底三个断面主筋间距。主筋间距允许偏差值为±10mm。

（2）钢筋笼长度：用钢尺全数量测每节钢筋笼长度和主筋搭接长度。主筋搭接长度应符合相应规范规定，各节钢筋笼相加后总长度（扣除搭接长度后最短一根主筋的总长）的允许偏差值为±100mm。

2．一般项目

（1）钢筋材质检验：进场钢筋按规格按比例进行抽样送检，合格后方可使用。每批由重量不大于60t的同一牌号、同一炉罐号、同一规格、同一交货状态的钢筋组成。对于冷拉钢筋，每批应由重量不大于20t的同级别、同直径的钢筋组成。

钢筋混凝土预制桩的质量检验标准　　　表 3-9

项	序	检查项目	允许偏差或允许值		检查方法
			单位	数值	
主控项目	1	桩体质量检验	按基桩检测技术规范		按基桩检测技术规范
	2	桩位偏差	见表 3-5		用钢尺量
	3	承载力	按基桩检测技术规范		按基桩检测技术规范
一般项目	1	砂、石、水泥、钢材等原料（现场预制时）	符合设计要求		查出厂质保文件或抽样送检
	2	混凝土配合比及强度（现场预制时）	符合设计要求		检查称量及查试块记录
	3	成品桩外形	表面平整，颜色均匀，掉角深度＜10mm，蜂窝面积小于总面积0.5%		直观
	4	成品桩裂缝：收缩裂缝或起吊、装运、堆放引起的裂缝	深度＜20mm，宽度＜0.25mm，横向裂缝不超过边长的一半		裂缝测定仪（该项在地下水有侵蚀地区及锤击数超过500击的长桩不适用）
	5	成品桩尺寸：横截面边长 桩顶对角线差 桩尖中心线 桩身弯曲矢高 桩顶平整度	mm mm mm mm	±5 ＜10 ＜10 ＜1/1000L ＜2	用钢尺量 用钢尺量 用钢尺量 用钢尺量（L 为两节桩长） 用水平尺量
	6	电焊接桩：焊缝质量 电焊结束后停歇时间 上下节平面偏差 节点弯曲矢高	按 GB50202—2002 中（表5.2.5）规定 min mm	＞1.0 ＜10 ＜1/1000L	按 GB50202—2002 中（表5.2.5）规定 秒表测定 用钢尺量 用钢尺量（L 为两节桩长）
	7	硫磺胶泥接桩：胶泥浇注时间 浇注后停歇时间	min min	＜2 ＞7	秒表测定 秒表测定
	8	桩顶标高	mm	±50	水准仪
	9	停锤标准	设计要求		现场实测或查沉桩记录

（2）箍筋间距：在钢筋笼笼顶、笼中、笼底三处，用钢尺量测（不少于三档），取最大值。箍筋间距允许偏差为 ±20mm。

（3）钢筋笼直径：在钢筋笼笼顶、笼中、笼底三处，用钢尺量测每个断面垂直相交直径。钢筋笼直径允许偏差值为 ±10mm。

3．钢筋笼质量验收标准

钢筋混凝土灌注桩钢筋笼质量验收应符合表 3-10 规定。

混凝土灌注桩钢筋笼质量检验标准（mm）　　　　表 3-10

项	序	检查项目	允许偏差或允许值	检查方法
主控项目	1	主筋间距	±10	用钢尺量
	2	长度	±100	用钢尺量
一般项目	1	钢筋材质检验	设计要求	抽样送检
	2	箍筋间距	±20	用钢尺量
	3	直径	±10	用钢尺量

（二）混凝土灌注桩平面位置和垂直度

（1）桩位偏差的检测方法：混凝土灌注桩桩位偏差检测分过程检测和最终检测两个时段。过程检测可用钢尺直接量测护筒中心，旨在纠正成桩过程中出现的桩位偏差，而最终检测往往需在开挖并把浮桩凿除标出桩中心与轴线之间关系后进行，以检验成桩后最终桩位。

（2）垂直度偏差的检测方法：对于泥浆护壁钻孔灌注桩和套管成孔灌注桩，其垂直度的检测可用经纬仪检测钻杆或套杆垂直度的方法进行，也可用超声波探测，对于干成孔灌注桩和人工挖土灌注桩，一般可用吊锤测量。

（3）平面位置和垂直度允许偏差的限值

钢筋混凝土灌注桩平面位置及垂直度允许偏差与成孔方法有关，也和桩在建筑物中位置有关，具体允许偏差限值应符合表 3-11 规定。

灌注桩的平面位置和垂直度的允许偏差　　　　表 3-11

序号	成孔方法		桩径允许偏差（mm）	垂直度允许偏差（%）	桩位允许偏差（mm）	
					1～3根、单排桩基垂直于中心线方向和群桩基础的边桩	条形桩基沿中心线方向和群桩基础的中间桩
1	泥浆护壁钻孔桩	$D \leq 1000mm$	±50	<1	$D/6$，且不大于100	$D/4$，且不大于150
		$D > 1000mm$	±50		$100+0.01H$	$150+0.01H$
2	套管成孔灌注桩	$D \leq 500mm$	−20	<1	70	150
		$D > 500mm$			100	150
3	干成孔灌注桩		−20	<1	70	150
4	人工挖孔桩	混凝土护壁	+50	<0.5	50	150
		钢套管护壁	+50	<1	100	200

（三）混凝土灌注桩质量

1．主控项目

(1) 孔深：在一次清孔前用钻孔杆或套管入孔长度来量测计算，在二次清孔后用重锤测深。孔深要求只深不浅，允许偏差值为+300mm。

(2) 桩体质量：检验数量和方法根据设计规定，设计无规定时，可按《建筑工程基桩检测技术规范》JGJ/T106—2002之规定选用，若选用钻芯取样检验大直径嵌岩桩应钻至桩尖以下500mm。当设计规定按一定比例抽检时，以随机抽样或过程控制中有意义的桩为准。对甲级设计等级和地质条件复杂的桩基工程，检验数量不应少于总数的30%，且不应少于20根；其他桩基工程的抽验数不应少于总数的20%，且不少于10根。

(3) 混凝土强度：单桩混凝土灌注量小于50m^3的，每桩一组试件，大于50m^3的，每50m^3留置一组试件，全数检查混凝土试件报告。对桩体质量检验中发现有缺陷的桩，可用钻芯样送检的方法检验。混凝土强度应符合设计要求。

(4) 承载力：检验方法和检验标准按《建筑工程基桩检测技术规范》JG/T106—2002的规定进行，检测数量和检测方法应满足设计要求。如设计无规定时，应采用静荷载试验方法。检验数量不应少于总数的1%，且不应少于3根，当总桩数少于50根时，不应少于2根。

2. 一般项目

(1) 泥浆相对密度：在二次清孔后全数检测，距孔底500mm处取泥浆样本。泥浆相对密度（黏土或砂性土）控制在1.15~1.20范围内。

(2) 泥浆面标高：从成孔开始至灌注混凝土前全程监控（目测）护筒内泥浆面标高。泥浆面标高应高于地下水0.5~1.0m，发现泥浆面标高不足时应及时补足以防坍孔。

(3) 沉渣厚度：对于水下灌注混凝土桩，用沉渣仪或重锤全数测量。沉渣允许厚度：端承桩≤50mm，摩擦桩≤150mm。对于干作业成孔灌注桩，在彻底清孔后用钢尺量测，孔底不允许有沉渣。

(4) 混凝土坍落度：水下混凝土灌注桩混凝土坍落度要求控制在160~220mm范围内；干作业成孔灌注桩混凝土坍落度应控制在70~100mm范围内，每根桩最少检测一次。

(5) 钢筋笼安装深度：钢筋笼分节制作检验合格后，在桩孔口分节安装，并用钢尺量测钢筋笼沉放深度。钢筋笼沉放深度允许偏差为±100mm。

(6) 混凝土充盈系数：检查每根桩混凝土的实际灌注量。混凝土实际灌注量必须大于理论计算量，即充盈系数不小于1。

(7) 桩顶标高：把桩顶浮浆层或劣质桩体凿除后，用水准仪对每根桩的桩顶标高进行测量。桩顶标高偏差应控制在-50~+30mm范围内，并不允许出现桩顶标高比混凝土垫层面低的现象。

(四) 分项工程验收记录

混凝土灌注桩质量验收时应形成如下验收记录：

(1) 桩设计图纸，施工说明和地质资料；

(2) 试成孔资料（当地无成熟经验时必须提供）；

(3) 材料合格证和进场复试报告；

(4) 开孔至混凝土灌注期间各工序施工记录；

(5) 隐蔽工程验收记录；

(6) 单桩混凝土试件试压报告；

（7）桩体完整性测试报告；
（8）桩承载力测试报告；
（9）钢筋笼质量检验记录；
（10）桩平面位置和垂直度检验记录；
（11）混凝土灌注桩质量检验记录与竣工桩位平面图。
（五）混凝土灌注桩质量验收标准
混凝土灌注桩质量验收应符合表3-12规定。

混凝土灌注桩质量检验标准　　　　　　表3-12

项	序	检查项目	允许偏差或允许值		检查方法
			单位	数值	
主控项目	1	桩位		见表3-11	基坑开挖前量护筒，开挖后量桩中心
	2	孔深		+300mm	只深不浅，用重锤测，或测钻杆、套管长度，嵌岩桩应确保进入设计要求的嵌岩深度
	3	桩体质量检验		按基桩检测技术规范。如钻芯取样，大直径嵌岩桩应钻至桩尖下500mm	按基桩检测技术规范
	4	混凝土强度		设计要求	试件报告或芯取样送检
	5	承载力		按基桩检测技术规范	按基桩检测技术规范
一般项目	1	垂直度		见表3-11	测套管或钻杆，或用超声波探测，干施工时吊垂球
	2	桩径		见表3-11	井径仪或超声波检测，干施工时用钢尺量（人工挖孔桩不包括内衬厚度）
	3	泥浆相对密度（黏土或砂性土中）		1.5~1.20	用比重计测，清孔后在距孔底500mm处取样
	4	泥浆面标高（高于地下水位）	m	0.5~1.0	目测
	5	沉渣厚度：端承桩　　　　　摩擦桩	mm　mm	≤50　≤150	用沉渣仪或重锤测量
	6	混凝土坍落度：水下灌注　　　　　　　　干施工	mm　mm	160~220　70~100	坍落度仪
	7	钢筋笼安装深度	mm	±100	用钢尺量
	8	混凝土充盈系统		>1	检查每根桩的实际灌注量
	9	桩顶标高	mm	+30　-50	水准仪（需扣除桩顶浮浆层及劣质桩体）

第三节 土 方 工 程

本节适用于桩基、基坑、基槽和管沟的开挖与回填以及挖方、填方、场地平整、地面排水和降水等土方工程。

一、一般规定

（一）土方工程施工前应进行挖、填方的平衡计算，综合考虑土方运距最短、运程合理和各个项目的合理施工程序等，做好土方平衡调配（应尽可能与城市规划和农田水利相结合将余土一次性运到指定弃土场），减少重复挖运。

（二）当土方工程挖方较深时，施工单位应采取措施，防止基坑底部土的隆起并避免危害周边环境。

（三）在挖方前，应做好地面排水和降低地下水位工作。

（四）平整场地的表面坡度应符合设计要求，如设计无要求时，排水沟方向的坡度不应小于 2‰。

（五）土方工程施工，应经常测量和校核其平面位置、水平标高和边坡坡度。平面控制桩和水准控制点应采取可靠的保护措施，并应定期复测和检查。土方不应堆在基坑边缘。

二、土方开挖

（一）主控项目

（1）标高：柱基按总数抽查10%，但不少于5个，每个不少于2点；基坑每20m^2取1点，每坑不少于2点；基槽、管沟、排水沟、路面基层每20m^2取1点，但不少于5点；场地平整每100～400m^2取1点，但不少于10点，用水准仪检查。相应允许偏差的限值见表3-13。

土方开挖工程质量检验标准（mm）　　　　表3-13

项	序	项 目	允许偏差或允许值					检验方法
			柱基基坑基槽	挖方场地平整		管沟	地（路）面基层	
				人工	机械			
主控项目	1	标 高	-50	±30	±50	-50	-50	水准仪
	2	长度、宽度（由设计中心线向两边量）	+200 -50	+300 -100	+500 -150	+100	—	经纬仪，用钢尺量
	3	边 坡	设计要求					观察或用坡度尺检查
一般项目	1	表面平整度	20	20	50	20	20	用2m靠尺和楔形塞尺检查
	2	基底土性	设计要求					观察或土样分析

（2）长度、宽度（由设计中心线向两边量）：矩形平面从相交的中心线向外量两个宽

度和两个长度；圆形平面以圆心为中心取半径长度在圆弧上绕一圈；梯形平面从长边与短边中心连线向外量（每边不能少于1点）。用经纬仪测量，钢尺测量。相应允许偏差限值见表3-13。

（3）边坡：按设计规定坡度每20m测1点，每边不少于2点。观察或用坡度尺检查。边坡坡度应符合设计要求。

（二）一般项目

（1）表面平整度：每30～50m² 取1点。用2m靠尺和楔形塞尺检查。表面平整度允许偏差为20mm（机械场地平整为50mm）。

（2）基底土性：观察或土样分析，基底土性必须与勘察报告、设计要求相符，且基底土严禁扰动和被水浸泡。

（三）土方开挖工程验收标准

土方开挖分项工程验收应符合表3-13规定。

三、土方回填

（一）主控项目

（1）标高：检查数量、检验方法和质量标准均同挖土分项。

（2）分层压实系数：分层压实系数（λ_0）是反映填土密实度的指标。通常在每层填土压实后的下半部取样，按设计规定方法检查。当设计无规定时，可采用环刀取样测定干密度后换算的方法，或用小轻便触探仪直接检验，也可用钢筋灌入深度法检查。对基坑或室内填土，每层填土按每100～500 m²取一组样本；对场地平整填土，每层填土按每400～900 m²取一组样本；对基槽或管沟回填土，每20～50 m²取一组样本。不论采用何种检测方法，回填土分层压实系数均应符合设计要求。

（二）一般项目

（1）回填土料：在基底处理完成前对回填土土质进行一次性取样检查或鉴别，填土土质符合设计要求方可回填施工。当回填材料有变更时，须重新检查或鉴别。

（2）分层厚度：每层填土每10～20m或100～200 m²设置一个检测点。用水准仪检查。回填土分层厚度应符合设计要求，当设计无规定时可参见表3-14。

填土施工时的分层厚度及压实遍数　　　　　表3-14

压实机具	分层厚度（mm）	每层压实遍数	压实机具	分层厚度（mm）	每层压实遍数
平　碾	250～300	6～8	柴油打夯机	200～250	3～4
振动压实机	250～350	3～4	人工打夯	<200	3～4

（3）含水量：一般情况下，每层填土至少抽样检查一次。手捏观察或取样（烘干法）检测。回填土的含水量应符合设计要求。

（4）表面平整度：每30～50m²取1点，用2m靠尺和楔形塞尺检查。回填土压实后表面平整度允许偏差为20mm（机械场地平整为50mm）。

（三）土方回填工程质量验收标准

土方回填分项工程验收应符合表3-15规定。

填土工程质量检验标准（mm） 表 3-15

项	序	项 目	允许偏差或允许值					检验方法
			柱基基坑基槽	场地平整		管沟	地（路）面基层	
				人工	机械			
主控项目	1	标 高	-50	±30	±50	-50	-50	水准仪
	2	分层压实系数	设计要求					经纬仪，用钢尺量
	3	回填土料	设计要求					取样检查或直观鉴别
一般项目	1	分层厚度及含水量	设计要求					水准仪及抽样检查
	2	表面平整度	20	20	30	20	20	观察或土样分析

（四）分项工程验收记录

土方工程质量验收时应形成如下验收记录：

（1）工程地质勘察报告或施工前补充的地质详勘报告；

（2）规划红线放测签证单或建筑物平面和标高放线测量记录和复核单；

（3）地基验槽记录（应有建设单位或监理单位、施工单位、设计单位、勘察单位签署的检验意见）；

（4）隐蔽工程验收记录；

（5）土方工程施工方案（包括排水措施、周围环境监测记录等）；

（6）挖方或填土边坡坡度选定依据；

（7）施工过程排水检测记录；

（8）土方开挖或回填工程质量检验记录；

（9）填方工程基底处理记录；

（10）地基处理设计变更或技术核定单；

（11）回填土料取样检查或工地直观鉴别记录；

（12）填筑厚度及压实遍数取值依据或试验报告；

（13）每层填土分层压实系数测试报告和取样分布图；

（14）最优含水量选定依据或试验报告。

第四节 基 坑 工 程

本节适用于在基坑（基槽）或管沟工程开挖施工中，现场不宜进行放坡开挖，且可能对临近建筑物、地下管线、永久性道路产生影响，需对基坑（基槽）、管壁先支护（如排桩墙支护、水泥桩支护、钢或混凝土支撑、地下连续墙等）后开挖的基坑工程。

一、一般规定

（一）基坑（槽）、管沟开挖前技术准备工作

（1）基坑（槽）、管沟开挖前，应根据支护结构形式、挖深、地质条件、施工方法、周围环境、工期、气候和地面载荷等资料制定好切实可行的施工方案、环境保护措施、监测方案，并经审批后方可施工。

（2）土方工程施工前（挖土前），应对降水、抽水措施进行设计，系统应经检查和试

运转，一切正常后方可开始施工。

（二）土方开挖的顺序、方法必须与设计工况相一致，并遵循"开槽支撑，先撑后挖，分层开挖，严禁超挖"的原则。

（三）在挖土过程中基坑（槽）、管沟边堆置土方不应超过设计荷载，挖方时不应碰撞或损伤支护结构、降水设施。且应对支护结构、周围环境进行观察或监测，如出现异常情况须暂停施工并及时处理，待恢复正常后方可继续施工。

（四）开挖至设计标高后，应对坑底进行保护，经验槽合格后，方可进行垫层施工。对特大型基坑，宜分区分块挖至设计标高，分区分块及时浇筑垫层。

（五）基坑（槽）、管沟土方工程验收必须确保支护结构和周围环境安全为前提。当设计规定指标时，应符合设计要求，当设计无规定时，应符合表3-16规定。

基坑变形的监控值（cm）　　　　　　　　　　　　　　　　表3-16

基坑类别	围护结构墙顶位移监控值	围护结构墙体最大位移监控值	地面最大沉降监控值
一级基坑	3	5	3
二级基坑	6	8	6
三级基坑	8	10	10

二、排桩墙支护工程

排桩墙支护结构包括钢筋混凝土灌注桩、预制桩（混凝土板桩）、钢板桩等类型桩构成的围护结构。

（一）钢筋混凝土灌注桩排桩墙支护

钢筋混凝土灌注桩质量验收要点同桩基础中混凝土灌注桩，质量检验标准应符合表3-10、表3-11、表3-12的规定。观察或监测支护结构变形，支护结构变形的控制限值应符合本节一般规定的要求。观察支护结构的止水性能，严禁支护外的水土向坑内流失。

（二）钢板桩排桩墙支护

该支护结构使用的钢板桩均为工厂成品，分新桩和重复使用钢板桩两种。

（1）新出厂的钢板桩，其质量检验标准应符合表3-17规定。

（2）重复使用钢板桩，其质量检验标准应符合表3-18规定。

（3）观察或监测支护结构的变形，钢板桩排桩墙支护结构变形控制限值应符合本节一般规定的要求。

（4）观察支护结构的止水性能，严禁出现支护外的水土向坑内流失。

新出厂钢板桩质量标准　　　　　　　　　　　　　　　　表3-17

桩形	有效宽度 $b(\%)$	端头矩形比 (mm)	厚度比 (mm)				平直度($\%\cdot L$)				重量 (%)	长度 L	表面欠陷 ($\%\cdot\delta$)	锁口 (mm)
							垂直向		水平向					
			<8m	8～12m	12～18m	>18m	<10m	>10m	<10m	>10m				
U形	±2	<2	±0.5	±0.6	±0.8	±1.2	<0.1	<0.12	<0.15	<0.12	±4	≤±200mm	<4	±2
Z形	-1～+3	<2	±0.5	±0.6	±0.8	±1.2	<0.15	<0.15	<0.15	<0.12	±4	≤±200mm	<4	±2
箱形	±2	<2	±0.5	±0.6	±0.8	±1.2	<0.1	<0.15	<0.15	<0.12	±4	≤±4%	<4	±2
直线形	±2	<2	±0.5	±0.5	±0.5	±0.5	<0.15	<0.12	<0.15	<0.12	±4	≤±200mm	<4	±2

重复使用的钢板桩检验标准 表 3-18

序	检查项目	允许偏差或允许值 单位	允许偏差或允许值 数值	检查方法
1	桩垂直度	（%）	<1	用钢尺量
2	桩身弯曲度		<2%L	用钢尺量，L 为桩长
3	齿槽平直度及光滑度		无电焊渣或毛刺	用1m长的桩段作通过试验
4	桩长度		不小于设计长度	用钢尺量

注：用1m长无变形的桩段全数（逐根）作通过试验，符合通过标准方可重复使用。

（三）混凝土板桩排桩墙支护

（1）混凝土板桩原材料质量验收要点同桩基础中钢筋混凝土预制桩，质量检验标准应符合表3-6规定。

（2）板桩施打前应对混凝土板桩制作质量进行逐根检验，质量标准应符合表3-19规定。

混凝土板桩制作标准 表 3-19

项	序	检查项目	允许偏差或允许值 单位	允许偏差或允许值 数值	检查方法
主控项目	1	桩长度	mm	+10 0	用钢尺量
	2	桩身弯曲度	%	<0.1%L	用钢尺量，L 为桩长
一般项目	1	保护层厚度	mm	±5	用钢尺量
	2	横截面相对两面之差	mm	5	用钢尺量
	3	桩尖对桩轴线的位移	mm	10	用钢尺量
	4	桩厚度	mm	+10 0	用钢尺量
	5	凹凸槽尺寸	mm	±3	用钢尺量

（3）观察或监测支护结构的变形，支护变形控制限值应符合表3-16规定。

（4）观察支护结构的止水性能，严禁出现支护外的水土向坑内流失。

（四）排桩墙质量验收记录

排桩墙分项工程质量验收时应形成如下验收记录：

（1）经审批批准的支护结构方案和施工图；

（2）有资质单位出具的监测方案和监测记录；

（3）不拔除桩的桩墙的竣工图；

（4）施工过程突发事故处理措施和实施记录。

三、水泥土桩墙支护工程

水泥土墙支护结构指水泥土搅拌桩（包括加筋水泥土搅拌桩）、高压喷射注浆桩所构成的围护结构。

（一）水泥土桩（无加筋）支护工程

水泥土搅拌桩质量验收要点同地基加固中水泥土搅拌桩，其质量检验标准符合表3-4规定。

（二）加筋水泥土桩支护工程

加筋水泥土桩质量的检验，在一般水泥土搅拌桩检验的基础上进行，并增加如下五个验收项目：

(1) 材料质量：检查型钢出厂合格证。其垂直度、平整度、焊接质量的检验数据应符合相应的质量标准（行业标准）或设计要求。

(2) 型钢长度：材料进场时，用钢尺全数检查，型钢长度允许偏差限值为±10mm。

(3) 型钢垂直度：每根型钢插入时，用经纬仪测量。型钢插入水泥土搅拌桩（或注浆桩）时的垂直度偏差不应超过型钢总长的1‰。

(4) 型钢插入标高：型钢插入桩内，且沉桩接近设计标高时，用水准仪测量。型钢插入标高的允许偏差限值为±30mm。

(5) 型钢插入平面位置：待型钢插入到位并测定水平标高后，用钢尺量测型钢从横轴线与定位轴线之间的距离。其偏差值不应大于10mm。

（三）加筋水泥土桩质量验收标准

加筋水泥土桩质量验收应符合表3-20规定。

加筋水泥土桩质量检验标准　　　　　　　表3-20

序	检查项目	允许偏差		检查方法
		单位	数值	
1	型钢长度	mm	±5	用钢尺量
2	型钢垂直度	‰	<1	经纬仪
3	型钢插入标高	mm	±30	水准仪
4	型钢插入平面位置	mm	10	用钢尺量

（四）加筋水泥土桩质量验收记录

加筋水泥土桩质量验收时应形成如下验收记录：

(1) 水泥土搅拌桩（或注浆桩）与型钢插入记录；

(2) 原材料检验记录；

(3) 土方开挖后加筋水泥土桩墙竣工平面图；

(4) 插入型钢拔除记录。

四、钢或钢筋混凝土支撑系统

钢或钢筋混凝土支撑系统包括围图及支撑，当支撑较长时（一般超过15m），尚应包括支撑下的立柱及相应的立柱桩。

施工前，应熟悉支撑系统的图纸及各种计算工况，掌握开挖及支撑设置的方式、预加顶力及周围环境保护的要求。施工过程中应严格控制开挖和支撑的程序及时间，对支撑的位置（包括立柱及立柱桩的位置）、每层开挖深度、预加顶力、钢围图与围护体或支撑与围图的密贴度应做周密检查。全部支撑安装结束后，仍应维持整个系统的正常运转直至支撑全部拆除。

（一）主控项目

1．支撑标高与平面位置

（1）标高：每道支撑系统整个平面的所有节点（每根支撑与围囹接触部位、管段相交的十字节点等），在施工结束后，用水准仪测量。各节点与设计要求标高的偏差均不得大于30mm（正偏差与负偏差叠加值）。

（2）平面：用钢尺测量全部节点标高组成的支撑平面内各支撑的平面位置。平面位置偏差限值为100mm。

2．预加顶力

对需要做预加顶力检查的支撑，用油泵加力或传感器检测每根支撑两端的预加顶力。预加顶力应符合设计要求，偏差限值为±50kN。

（二）一般项目

（1）围囹标高：直线段每10m测1点，每边不少于2点；曲线段以拐点为准，整圈围囹不少于4点。用水准仪测量。围囹各测点标高偏差均不得大于30mm（正偏差与负偏差叠加值）。

（2）立柱桩标高与平面位置：用水准仪全数测量立柱桩标高，标高允许偏差限值为30mm。用钢尺量测立柱桩平面位置，允许偏差限值为50mm。对有钢格构柱伸出的立柱，格构柱轴线也应与支撑轴线平行。

（3）开挖超深：每道支撑施工前用水准仪测量挖土深度，挖深偏差不得大于200mm。

（4）支撑安装时间：用钟表估测支撑开始安装和完成安装的时间，支撑安装时间应符合设计要求。下一层面土方的开挖须在其上支撑验收合格后方可进行。

（三）支撑系统质量验收记录

钢或钢筋混凝土支撑系统质量验收时应形成如下验收记录：

（1）第一道支撑系统（包括围囹、支撑、立柱桩及其平面中格构柱位置）竣工平面图；

（2）混凝土支撑抗压强度试验报告；

（3）每一层面挖土对支撑系统变形位移的测量记录；

（4）每道支撑系统完成后质量检验记录；

（5）周围环境的监测记录。

（四）支撑系统质量验收标准

钢或钢筋混凝土支撑系统质量验收标准应符合表3-21规定。

钢及钢筋混凝土支撑系统工程质量检验标准 表3-21

项	序	检 查 项 目	允许偏差		检 查 方 法
			单位	数值	
主控项目	1	支撑位置：标　高 平　面	mm mm	30 100	水准仪 用钢尺
	2	预加顶力	kN	±50	油泵读数或传感器
一般项目	1	围囹标高	mm	30	水准仪
	2	立柱桩	见桩基部分		见桩基部分

续表

项	序	检查项目	允许偏差		检查方法
			单位	数值	
一般项目	3	立柱位置：标　高 　　　　　平　面	mm mm	30 50	水准仪 用钢尺量
	4	开挖超深（开槽放支撑不在此范围）	mm	<200	水准仪
	5	支　撑　安　装　时　间	设计要求		用钟表估测

五、地下连续墙

(一) 主控项目

(1) 墙体强度：永久性地下连续混凝土墙按每个单元槽段留置一组抗压试件，每五个单元槽段留置一组抗渗试件；临时性地下墙每一个单元槽段也应至少留一组抗压试件。当一个槽段大于 $50m^3$ 时，按每 $50m^3$ 取一组试件计。检查每组试件试压报告或现场取芯试压。墙体强度应符合设计要求。

(2) 垂直度：重要结构每个槽段均应检查（全数检查）；一般结构可按总槽段数的 20% 抽查。用测声波测槽仪检测或检查成槽机上监测系统的记录。地下连续墙垂直度偏差：永久结构不得大于墙深的 1/300；临时结构不得大于墙深的 1/150。

(二) 一般项目

(1) 导墙尺寸：每单元槽段各测 2 点。用托尺加楔形尺量测墙面平整度。允许偏差限值为 5mm。用钢尺量测导墙宽度（厚度）与平面位置。导墙平面位置允许偏差限值为 ±10mm，导墙宽度（厚度）不得小于设计厚度。

(2) 沉渣厚度：永久性结构在钢筋笼沉放并作二次清孔后，在灌注导管处测 1 点；临时性结构可在第一次清孔后检查。用重锤或沉积物测定仪检测。永久结构沉渣厚度不得大于 100mm；临时结构沉渣厚度不得大于 200mm。

(3) 槽深：永久结构每个槽段测 2 点（清孔结束后进行）；临时结构可按总槽段数的 20% 抽查。用重锤检测。槽深不得低于设计要求的深度，允许偏差为 +100mm。

(4) 混凝土坍落度：商品混凝土每 50 车测定一次；现场拌制第一盘必须测定，以后批次可根据坍落度变化情况随机抽样后测定。混凝土坍落度应控制在 180～220mm 范围内。

(5) 钢筋笼尺寸：用钢尺全数量测。质量标准同表 3-10 规定。

(6) 地下墙表面平整度：每个槽段至少测 2 处。拉线后用钢尺量或用托尺加塞尺量测。允许偏差应符合表 3-22 规定。当遇到松散及易坍土层由设计决定允许偏差值。

(7) 永久性结构时的预埋件位置：放好水平向轴线后，用钢尺量测。偏差值不得大于 10mm（≤10mm）；垂直向用水准仪测量，偏差值不得大于 20mm（≤20mm）。

(三) 地下连续墙质量验收标准

地下连续墙质量验收标准应符合表 3-22。

(四) 地下连续墙质量验收记录

地下连续墙质量验收时应形成如下验收记录：

(1) 工程竣工图（包括开挖后墙面实际位置和形状图）；

(2) 导墙施工验收记录与成槽施工记录；

地下墙质量检验标准　　　　　　　　　　表 3-22

项	序	检查项目		允许偏差		检查方法
				单位	数值	
主控项目	1	墙体强度		设计要求		查试件记录或取芯试压
	2	垂直度：永久结构 　　　　临时结构			1/30 1/150	测声波测槽仪或成槽机上的监测系统
一般项目	1	导墙尺寸	宽　度 墙面平整度 导墙平面位置	mm mm mm	W + 4 < 5 ± 10	用钢尺量，W 为地下墙设计厚度 用钢尺量 用钢尺量
	2	沉渣厚度：永久结构 　　　　　临时结构		mm mm	≤ 100 ≤ 200	重锤测或沉积物测定仪测
	3	槽　深		mm	+ 100	重锤测
	4	混凝土坍落度		mm	180~200	坍落度测定器
	5	钢筋笼尺寸		见表 3-10		见表 3-10
	6	地下墙表面平整度	永久结构 临时结构 插入式结构	mm mm mm	< 100 < 150 < 20	此为均匀黏土层，松散及易坍土层由设计决定
	7	永久结构时的预埋件位置	水平向 垂直向	mm mm	≤ 10 ≤ 20	用钢尺量 水准仪

（3）钢筋、钢材合格证和复试报告；

（4）电焊条合格证和电焊条使用前烘焙记录；

（5）地下墙与地下室结构顶板、楼板、底板及梁之间连接预埋钢筋或接驳器抽样复验记录（外观尺寸检查记录、抗拉试验报告等）；

（6）钢筋焊接接头试验报告；

（7）泥浆组合比及测试记录和水下混凝土浇筑记录；

（8）地下连续墙质量检验记录。

六、降水与排水

降水与排水是配合基坑开挖的安全措施。不同的土质应用不同的降水形式（常用降水形式见表 3-23），施工前须根据现场工况做好降水与排水设计。降水系统施工完后，应试运转，如发现井管失效，应采取措施使其恢复正常，如无可能恢复则应报废，另行设置新的井管。降水系统运转过程中应随时检查观测孔中的水位，必要时需对临近建筑物或公共设施在降水过程中做好同步监测。

降水类型及适用条件　　　　　　　　　　表 3-23

降水类型	适用条件	
	参透系数（cm/s）	可能降低的水位深度（m）
轻型井点 多级轻型井点	$10^{-2} \sim 10^{-5}$	3~6 6~12
喷射井点	$10^{-3} \sim 10^{-6}$	8~20
电渗井点	$< 10^{-6}$	宜配合其他形式降水使用
深井井管	$\geq 10^{-5}$	> 10

（一）质量检验内容与方法

(1) 排水沟坡度：目测法全数检查，要求坑内不积水，沟内排水畅通。排水坡度为1‰～2‰。

(2) 井管（点）垂直度：插管时目测检查。垂直偏差不大于井管（点）长度的1%。

(3) 井管（点）插入深度：下管至设计标高时，用水准仪测量。插入深度偏差不大于200mm（与设计指标相比）。

(4) 井管（点）间距（与设计相比）：下管时用钢尺量测。间距偏差值不大于150mm。

(5) 井点真空度：检查真空度表（每台班均应检查）。轻型井点真空度>60kPa；喷射井点真空度>93kPa。

(6) 电渗井点阴阳极距离：打入井管（点）时用钢尺量测。轻型井点阴阳极距离应控制在80～100mm范围内；喷射井点控制在120～150mm。

（二）降水与排水质量验收记录

降水与排水分项工程质量验收时应形成如下验收记录：

(1) 降水设备埋设记录，包括井管、井点埋设深度、标高、间距，填砂砾料用量及抽水设备位置和标高等；

(2) 降水系统试运转记录，包括发现异常后采取措施记录；

(3) 每台井点设备每台班运行记录；

(4) 降水系统运转过程中每天检查井内观测孔水位记录，包括坑外环境受影响的处理记录；

(5) 降水与排水设计文件；

(6) 如坑外采用井点回灌技术处理时，回灌前后水位升降记录；

(7) 降排水停止与拆除及地下建筑物标高变化的测量记录。

（三）质量验收标准

降水与排水分项工程质量验收标准应符合表3-24规定。

降水与排水分项工程质量检验标准　　　　　表3-24

序	检查项目	允许偏差 单位	允许偏差 数值	检 查 方 法
1	排 水 沟 坡 度	‰	1～2	目测：坑内不积水，沟内排水畅通
2	井管（点）垂直度	%	1	插管时目测
3	井管（点）间距（与设计相比）	mm	≤150	用钢尺量
4	井管（点）插入深度（与设计相比）	mm	≤200	水准仪
5	过滤砂砾料填灌（与计算值相比）	mm	≤5	检查回填料用量
6	井点真空度：轻型井点 喷射井点	kPa kPa	>60 >93	真空度表 真空度表
7	电渗井点阴阳极距离：轻型井点 喷射井点	mm mm	80～100 120～150	用钢尺量 用钢尺量

复习思考题

1. 建筑物地基加固处理前应掌握哪些资料?
2. 试述水泥土搅拌桩地基主控项目的内容。
3. 试述静力压桩分项工程主控项目的内容及相应的质量标准。
4. 试述钢筋混凝土灌注桩平面位置、垂直度检测的方法及相应的质量标准。
5. 试述钢筋混凝土灌注桩主控项目的内容及相应的质量标准。
6. 土方工程质量验收时应形成哪些验收记录?
7. 试述基坑工程质量验收的一般规定。
8. 试述水泥土桩墙支护工程质量验收主控项目内容及相应的质量标准。
9. 试述降水与排水分项工程质量检验内容与方法。

第四章 砌体工程施工质量验收

砌体工程在全国范围内广大地区仍然以承重结构或填充结构而广泛存在。其工程质量取决于材料质量，工序质量，施工质量，同时必须全面执行国家现行有关标准，强化质量验收，才能保证砌体工程质量的安全使用。

本章适用于建筑工程的砖、石、混凝土小型空心砌块、蒸压加气混凝土砌块等砌体的施工质量控制和验收。

本章对主要指标和要求是根据《砌体工程施工质量验收规范》GB50203—2002 的规定提出的。同时与国家标准《建筑工程施工质量验收统一标准》GB50300—2001 配套使用。

第一节 基 本 规 定

在砌体工程中，只有合格的材料才可能砌筑出符合质量要求的工程；同时应确保放线尺寸的校核，控制放线精度，确保砌体的主体稳定性；控制好墙体的整体性，避免不利位置留置脚手眼和干砖上墙。注意各工种之间的相互配合，提高人员素质，确保砌体质量；注意采取配筋砌体钢筋的防腐措施；施工中控制好楼、屋面不超载，防止质量和安全事故发生。每个检验批验收时，主控项目必须全部符合合格标准，一般项目允许有 20% 以内的抽查处超出验收条文合格标准的规定。

第二节 砌 体 材 料

一、砌筑砂浆组成材料的基本要求

（1）水泥：水泥进场使用前，应分批对其强度、安定性进行复验。检验批应以同一生产厂家、同一编号为一批。当在使用中对水泥质量有怀疑或水泥出厂超过三个月（快硬硅酸盐水泥超过一个月）时，应复查试验，并按其结果使用。不同品种的水泥，不得混合使用。

（2）砂：砂浆用砂不得含有有害杂物，含泥量应满足下列要求：

1）对水泥砂浆和强度等级不小于 M5 的水泥混合砂浆，不应超过 5%；

2）对强度等级小于 M5 的水泥混合砂浆，不应超过 10%；

3）人工砂、山砂及特细砂，应经试配能满足砌筑砂浆技术条件要求。

（3）石灰膏、消石灰粉：配制水泥石灰砂浆时，不得采用脱水硬化的石灰膏。消石灰粉不得直接使用于砌筑砂浆中。

（4）拌合水：拌制砂浆用水，水质应符合国家现行标准《混凝土拌合用水标准》JGJ63—89 的规定。

（5）配合比：砌筑砂浆应通过试配确定配合比。当砌筑砂浆的组成材料有变更时，其配合比应重新确定。施工中当采用水泥砂浆代替水泥混合砂浆时，应重新确定砂浆强度等级。砂浆现场拌制时，各组分材料应采用重量计量。

（6）外加剂：凡在砂浆中掺入有机塑化剂、早强剂、缓凝剂、防冻剂等，应经检验和试配符合要求后，方可使用。有机塑化剂应有砌体强度的形式检验报告。

二、对砂浆的技术要求

砌筑砂浆应采用机械搅拌并保证拌合均匀，注意控制随拌随用。砌筑砂浆试块强度验收时其强度合格标准必须符合以下规定：

同一验收批砂浆试块抗压强度平均值必须大于或等于设计强度等级所对应的立方体抗压强度；同一验收批砂浆试块抗压强度的最小一组平均值必须大于或等于设计强度等级所对应的立方体抗压强度的 0.75 倍。

注：①砌筑砂浆的验收批，同一类型、强度等级的砂浆试块应不少于 3 组。当同一验收批只有一组试块时，该组试块抗压强度的平均值必须大于或等于设计强度等级所对应的立方体抗压强度。

②砂浆强度应以标准养护，龄期为 28d 的试块抗压试验结果为准。

抽检数量：每一检验批且不超过 $250m^3$ 砌体的各种类型及强度等级的砌筑砂浆，每台搅拌机应至少抽检一次。

检验方法：在砂浆搅拌机出料口随机取样制作砂浆试块（同盘砂浆只应制作一组试块），最后检查试块强度试验报告单。

第三节 砖砌体工程

本节适用于烧结普通砖、烧结多空砖、蒸压灰砂砖、粉煤灰砖等砌体工程。砌筑材料必须复验合格，根据使用部位和设计要求进行砌筑。

一、主控项目

（1）砖和砂浆的强度等级必须符合设计要求。

抽检数量：每一生产厂家的砖到现场后，按烧结砖 15 万块、多孔砖 5 万块、灰砂砖及粉煤灰砖 10 万块各为一验收批，抽检数量为 1 组。砂浆试块的抽检数量执行第二节对砂浆技术要求的规定。

检验方法：查砖和砂浆试块试验报告。

（2）砌体水平灰缝的砂浆饱满度不得小于 80%。

抽检数量：每检验批抽查不应少于 5 处。

检验方法：用百格网检查砖底面与砂浆的粘结痕迹面积。每处检测 3 块砖，取其平均值。

（3）砖砌体的转角处和交接处应同时砌筑，严禁无可靠措施的内外墙分砌施工。对不能同时砌筑而又必须留置的临时间断处应砌成斜槎，斜槎水平投影长度不应小于高度的 2/3。

抽检数量：每检验批抽 20% 接槎，且不应少于 5 处。

检验方法：观察检查。

（4）非抗震设防及抗震设防烈度为 6 度、7 度地区的临时间断处，当不能留斜槎时，除转角处外，可留直槎，但直槎必须做成凸槎。留直槎处应加设拉结钢筋，拉结钢筋的数量为每 120mm 墙厚放置 1ϕ6 拉结钢筋（120mm 厚墙放置 2ϕ6 拉结钢筋），间距沿墙高不应超过 500mm。埋入长度从留槎处算起每边均不应小于 500mm，对抗震设防烈度 6 度、7 度的地区，不应小于 1000mm。末端应有 90°弯钩。

抽检数量：每检验批抽 20%接槎，且不应少于 5 处。

检验方法：观察和尺量检查。

合格标准：留槎正确，拉结钢筋设置数量、直径正确，竖向间距偏差不超过 100mm，留置长度基本符合规定。

(5) 砖砌体的位置及垂直度允许偏差应符合表 4-1 的规定。

砖砌体的位置及垂直度允许偏差　　　　表 4-1

项次	项目			允许偏差（mm）	检验方法
1	轴线位置偏移			10	用经纬仪和尺检查或用其他测量仪器检查
2	垂直度	每层		5	用 2m 托线板检查
		全高	≤10m	10	用经纬仪、吊线和尺检查，或用其他测量仪器检查
			>10m	20	

抽检数量：轴线查全部承重墙柱；外墙垂直度全高查阳角，不应少于 4 处，每层每 20m 查一处；内墙按有代表性的自然间抽 10%，但不应少于 3 间，每间不应少于 2 处，柱不少于 5 根。

二、一般项目

(1) 砖砌体组砌方法应正确，上下错缝，内外搭砌，砖柱不得采用包心砌法。

抽检数量：外墙每 20m 抽查一处，每处 3~5m，且不应少于 3 处；内墙按有代表性的自然间抽 10%，且不应少于 3 间。

检验方法：观察检查。

合格标准：除符合本条要求外，清水墙、窗间墙无通缝；混水墙中长度大于或等于 300mm 的通缝每间不超过 3 处，且不得位于同一面墙体上。

(2) 砖砌体的灰缝应横平竖直，厚薄均匀。水平灰缝厚度宜为 10mm，但不应小于 8mm，也不应大于 12mm。

抽检数量：每步脚手架施工的砌体，每 20m 抽查 1 处。

检验方法：用尺量 10 皮砖砌体高度折算。

(3) 砖砌体的一般尺寸允许偏差应符合表 4-2 的规定。

第四节　混凝土小型空心砌块砌体工程

本节适用于普通混凝土小型空心砌块和轻骨料混凝土小型空心砌块工程的施工质量验收，同时应严格执行国家强制性标准条文的相关规定。即施工时所用的小砌块的产品龄期不应小于 28d；承重墙体严禁使用断裂小砌块；小砌块应底面朝上反砌于墙上等规定。

一、主控项目

(1) 砌块和砂浆的强度等级必须符合设计要求。

抽检数量：每一生产厂家，每 1 万块小砌块至少应抽检一组。用于多层以上建筑基础和底层的小砌块抽检数量不应少于 2 组。砂浆试块的抽检数量执行第二节对砂浆技术要求的规定。

检验方法：查小砌块和砂浆试块试验报告。

砖砌体一般尺寸允许偏差   表 4-2

项次	项	目	允许偏差（mm）	检验方法	抽检数量
1	基础顶面和楼面标高		15	用水平仪和尺检查	不应少于 5 处
2	表面平整度	清水、墙、柱	5	用 2m 靠尺和楔形塞尺检查	有代表性自然间 10%，但不应少于 3 间，每间不应少于 2 处
		混水墙、柱	8		
3	门窗洞口高、宽（后塞口）		±5	用尺检查	检验批洞口的 10%，且不应少于 5 处
4	外墙上下窗口偏移		20	以底层窗口为准，用经纬仪或吊线检查	检验批的 10%，且不应少于 5 处
5	水平灰缝平直度	清水墙	7	拉 10m 线和尺检查	有代表性自然间 10%，但不应少于 3 间，每间不应少于 2 处
		混水墙	10		
6	清水墙游丁走缝		20	吊线和尺查，以每层第一皮砖为准	有代表性自然间 10%，但不应少于 3 间，每间不应少于 2 处

(2) 砌体水平灰缝的砂浆饱满度，应按净面积计算不得低于 90%；竖向灰缝饱满度不得小于 80%，竖缝凹槽部位应用砌筑砂浆填实。不得出现瞎缝、透明缝。

抽检数量：每检验批不应少于 3 处。

检验方法：用专用百格网检测小砌块与砂浆粘结痕迹，每处检测 3 块小砌块，取其平均值。

(3) 墙体转角处和纵横墙交接处应同时砌筑。临时间断处应砌成斜槎，斜槎水平投影长度不应小于高度的 2/3。

抽检数量：每检验批抽 20% 接槎，且不应少于 5 处。

检验方法：观察检查。

(4) 砌体的轴线偏移和垂直度偏差应按表 4-1 的规定执行。

二、一般项目

(1) 墙体的水平灰缝厚度和竖向灰缝宽度宜为 10mm，但不应大于 12mm，也不应小于 8mm。

抽检数量：每层楼的检测点不应少于 3 处。

抽检方法：用尺量 5 皮小砌块的高度和 2m 砌体长度折算。

(2) 小砌块墙体的一般尺寸允许偏差应按表 4-2 中 1～5 项的规定执行。

第五节 配筋砌体工程

配筋砌体工程除应满足本章第三节、第四节的相关规定,并应满足本节相关要求。

一、主控项目

(1) 钢筋的品种、规格和数量应符合设计要求。

检验方法:检查钢筋的合格证书、钢筋性能试验报告、隐蔽工程记录。

(2) 构造柱、芯柱、组合砌体构件、配筋砌体剪力墙构件的混凝土或砂浆的强度等级应符合设计要求。

抽检数量:各类构件每一检验批砌体至少应做一组试块。

检验方法:检查混凝土或砂浆试块试验报告。

(3) 构造柱与墙体的连接处应砌成马牙槎,马牙槎应先退后进,预留的拉结钢筋应位置正确,施工中不得任意弯折。

抽检数量:每检验批抽20%构造柱,且不少于3处。

检验方法:观察检查。

合格标准:钢筋竖向移位不应超过100mm,每一马牙槎沿高度方向尺寸不应超过300mm。钢筋竖向位移和马牙槎尺寸偏差每一构造柱不应超过2处。

(4) 构造柱位置及垂直度的允许偏差应符合表4-3的规定。

抽检数量:每检验批抽10%,且不应少于5处。

构造柱尺寸允许偏差 表4-3

项次	项目		允许偏差(mm)	抽检方法
1	柱中心线位置		10	用经纬仪和尺检查或用其他测量仪器检查
2	柱层间错位		8	用经纬仪和尺检查或用其他测量仪器检查
3	柱垂直度	每层	10	用2m托线板检查
		全高 ≤10m	15	用经纬仪、吊线和尺检查,或其他测量仪器检查
		全高 >10m	20	

(5) 对配筋混凝土小型空心砌块砌体,芯柱混凝土应在装配式楼盖处贯通,不得削弱芯柱截面尺寸。

抽检数量:每检验批抽10%,且不应少于5处。

检验方法:观察检查。

二、一般项目

(1) 设置在砌体水平灰缝内的钢筋,应居中置于灰缝中。水平灰缝厚度应大于钢筋直径4mm以上。砌体外露面砂浆保护层的厚度不应小于15mm。

抽检数量:每检验批抽检3个构件,每个构件检查3处。

检验方法:观察检查,辅以钢尺量测。

(2) 设置在砌体灰缝内的钢筋的防腐保护应满足材料质量要求并满足现场复检合格的规定。

抽检数量：每检验批抽检10%的钢筋。

检验方法：观察检查。

合格标准：防腐涂料无漏刷（喷浸），无起皮脱落现象。

（3）网状配筋砌体中，钢筋网及放置间距应符合设计规定。

抽检数量：每检验批抽10%，且不应少于5处。

检验方法：钢筋规格检查钢筋网成品，钢筋网放置间距局部剔缝观察，或用探针刺入灰缝内检查，或用钢筋位置测定仪测定。

合格标准：钢筋网沿砌体高度位置超过设计规定一皮砖厚不得多于1处。

（4）组合砖砌体构件，竖向受力钢筋保护层应符合设计要求，距砖砌体表面距离不应小于5mm；拉结筋两端应设弯钩，拉结筋及箍筋的位置应正确。

抽检数量：每检验批抽检10%，且不应少于5处。

检验方法：支模前观察与尺量检查。

合格标准：钢筋保护层符合设计要求；拉结筋位置及弯钩设置80%及以上符合要求，箍筋间距超过规定者，每件不得多于2处，且每处不得超过一皮砖。

（5）配筋砌块砌体剪力墙中，采用搭接接头的受力钢筋搭接长度不应小于35d，且不应少于300mm。

抽检数量：每检验批每类构件抽20%（墙、柱、连梁），且不应少于3件。

检验方法：尺量检查。

第六节　填充墙砌体工程

本节适用于房屋建筑采用空心砖、蒸压加气混凝土砌块、轻骨料小型混凝土空心砌块等砌筑填充墙砌体的施工质量验收。

一、主控项目

砖、砌块和砌筑砂浆的强度等级应符合设计要求。

检验方法：检查砖或砌块的产品合格证书、产品性能检测报告和砂浆试块试验报告。

二、一般项目

（1）填充墙砌体一般尺寸的允许偏差应符合表4-4的规定。

填充墙砌体一般尺寸允许偏差　　　　　　表4-4

项次	项　目		允许偏差（mm）	检　验　方　法
1	轴　线　位　移		10	用尺检查
	垂　直　度	小于或等于3m	5	用2m托线板或吊线、尺检查
		大于3m	10	
2	表　面　平　整　度		8	用2m靠尺和楔形塞尺检查
3	门窗洞口高、宽（后塞口）		±5	用尺检查
4	外墙上、下窗口偏移		20	用经纬仪或吊线检查

抽检数量：对表中1、2项，在检验批的标准间中随机抽查10%，但不应少于3间；

大面积房间和楼道按两个轴线或每10延长米按一标准间计数。每间检验不应少于3处。对表中3、4项,在检验批中抽检10%,且不应少于5处。

(2) 蒸压加气混凝土砌块砌体和轻骨料混凝土小型空心砌块砌体不应与其他块材混砌。

抽检数量:在检验批中抽检20%,且不应少于5处。

检验方法:观察检查。

(3) 填充墙砌体的,砂浆饱满度及检验方法应符合表4-5的规定。

抽检数量:每步架子不少于3处,且每处不应少于3块。

填充墙砌体的砂浆饱满度及检验方法　　　　表4-5

砌体分类	灰缝	饱满度及要求	检验方法
空心砖砌体	水平	≥80%	采用百格网检查块材底面砂浆的粘结痕迹面积
	垂直	填满砂浆,不得有透明缝、瞎缝、假缝	
加气混凝土砌块和轻骨料小型混凝土砌块砌体	水平	≥80%	
	垂直	≥80%	

(4) 填充墙砌体留置的拉结钢筋或网片的位置应与块体皮数相符合。拉结钢筋或网片应置于灰缝中,埋置长度应符合设计要求,竖向位置偏差不应超过一皮高度。

抽检数量:在检验批中抽检20%,且不应少于5处。

检验方法:观察和用尺量检查。

(5) 填充墙砌筑时应错缝搭砌,蒸压加气混凝土砌块搭砌长度不应小于砌块长度的1/3;轻骨料混凝土小型空心砌块搭砌长度不应小于90mm;竖向通缝不应大于2皮。

抽检数量:在检验批的标准间中抽查10%,且不应少于3间。

检查方法:观察和用尺检查。

(6) 填充墙砌体的灰缝厚度和宽度应正确。空心砖、轻骨料混凝土小型空心砌块的砌体灰缝应为8~12mm。蒸压加气混凝土砌块砌体的水平灰缝厚度及竖向灰缝宽度分别宜为15mm和20mm。

抽检数量:在检验批的标准间中抽查10%,且不应少于3间。

检查方法:用尺量5皮空心砖或小砌块的高度和2m砌体长度折算。

(7) 填充墙砌至接近梁、板底时,应留一定空隙,待填充墙筑完并应至少间隔7d后,再将其补砌挤紧。

抽检数量:每验收批抽10%填充墙片(每两柱间的填充墙为一墙片),且不应少于3片墙。

检验方法:观察检查。

第七节　砌体工程子分部工程验收

1. 砌体工程验收前,应提供下列文件和记录:

(1) 施工执行的技术标准。

（2）原材料的合格证书、产品性能检测报告。
（3）混凝土及砂浆配合比通知单。
（4）混凝土及砂浆试件抗压强度试验报告单。
（5）施工记录。
（6）各检验批的主控项目、一般项目验收记录。
（7）施工质量控制资料。
（8）重大技术问题的处理或修改设计的技术文件。
（9）其他必须提供的资料。

2．砌体子分部工程验收时，应对砌体工程的观感质量作出总体评价。

3．当砌体工程质量不符合要求时，应按现行国家标准《建筑工程施工质量统一验收标准》GB50300—2001 规定执行。

4．对有裂缝的砌体应按下列情况进行验收：

（1）对有可能影响结构安全性的砌体裂缝，应由有资质的检测单位检测鉴定，需返修或加固处理的，待返修或加固满足使用要求后进行二次验收。

（2）对不影响结构安全性的砌体裂缝，应予以验收；对明显影响使用功能和观感质量的裂缝，应进行处理。

砌体工程检验批质量验收记录参见《砌体工程施工质量验收规范》GB50203—2002 相关样表。

复 习 思 考 题

1．如何认定砌体材料的质量是否合格？

2．砌体的转角处和交接处为什么必须同时砌筑，当不能同时砌筑时，应怎样做好接槎处理？

3．砌体工程检验批验收时，对主控项目和一般项目有何规定？自己根据验收标准进行砌体结构检验批验收表格的填写。

4．为什么砖砌筑前必须浇水润湿？如何控制浇水量？

5．试述砌体工程质量检验方法。

6．砌体工程验收前应提供哪些文件和记录？

第五章 混凝土结构工程施工质量验收

本章适用于工业与民用房屋和一般构筑物的混凝土结构工程，包括现浇结构和装配式结构。本标准所指混凝土结构包括素混凝土结构、钢筋混凝土结构和预应力混凝土结构，这与现行国家标准《混凝土结构设计规范》GB50010—2002 的范围一致。本标准是对混凝土结构工程施工质量的最低要求，承包合同和工程技术文件对工程质量的要求不得低于本标准的规定，同时作为国家标准《建筑工程施工质量验收统一标准》GB50300—2001"主体结构"分部工程中"混凝土结构"子分部工程的验收。

混凝土结构施工质量的验收综合性强，涉及面广，不仅与原材料（水泥、钢筋等），半成品，成品（构配件、预应力锚具等）方面的质量有关，也与其他施工技术和质量标准密切相关。

本章以现浇混凝土模板、钢筋、混凝土分项为例。

第一节 基 本 规 定

一、混凝土结构施工现场质量管理应有相应的施工技术标准、健全的质量管理体系、施工质量控制和质量检验制度。同时，混凝土结构施工项目应有施工组织设计和施工技术方案，并经审查批准。

二、混凝土结构子分部工程可根据结构的施工方法分为两类：现浇混凝土结构子分部工程和装配式混凝土结构子分部工程。根据结构的分类，还可分为钢筋混凝土结构子分部工程和预应力混凝土结构子分部工程等。

混凝土结构子分部工程可划分为模板、钢筋、预应力、混凝土、现浇结构和装配式结构等分项工程。各分项工程可根据与施工方式相一致且便于控制施工质量的原则，按工作班、楼层、结构缝或施工段划分为若干检验批。

三、对混凝土结构子分部工程的质量验收，应在钢筋、预应力、混凝土、现浇结构或装配式结构等相关分项工程验收合格的基础上，进行质量控制资料检查及观感质量验收，并应对涉及结构安全的材料、试件、施工工艺和结构的重要部位进行见证检测或结构实体检验。

四、分项工程的质量验收应在所含检验批验收合格的基础上，进行质量验收记录检查。

五、检验批的质量验收应包括如下内容：

（一）实物检查，按下列方式进行：

（1）对原材料、构配件和器具等产品的进场复验，应按进场的批次和产品的抽样检验方案执行。

（2）对混凝土强度、预制构件结构性能等，应按国家现行有关标准和本规范规定的抽样检验方案执行。

（3）对本规范中采用计数检验的项目，应按抽查总点数的合格点率进行检查。

（二）资料检查，包括原材料、构配件和器具等的产品合格证（中文质量合格证明文件、规格、型号及性能检测报告等）及进场复验报告、施工过程中重要工序的自检和交接检记录、抽样检验报告、见证检测报告、隐蔽工程验收记录等。

六、检验批合格质量应符合下列规定：

（一）主控项目的质量经抽样检验合格。

（二）一般项目的质量经抽样检验合格。当采用计数检验时，除有专门要求外，一般项目的合格点率应达到 80% 及以上，且不得有严重缺陷。

（三）具有完整的施工操作依据和质量验收记录。对验收合格的检验批，宜作出合格标志。

七、 检验批、分项工程、混凝土结构子分部工程的质量验收可按本规范附录 A 记录，质量验收程序和组织应符合国家标准《建筑工程施工质量验收统一标准》GB50300—2001 的规定。

第二节 模板分项工程

一、一般规定

（1）模板及其支架应根据工程结构形式、荷载大小、地基土类别、施工设备和材料供应等条件进行设计。模板及其支架应具有足够的承载能力、刚度和稳定性，能可靠地承受浇筑混凝土的重量、侧压力以及施工荷载。

（2）在浇筑混凝土之前，应对模板工程进行验收。

模板安装和浇筑混凝土时，应对模板及其支架进行观察和维护。发生异常情况时，应按施工技术方案及时进行处理。

（3）模板及其支架拆除的顺序及安全措施应按施工技术方案执行。

二、模板安装

（一）主控项目

（1）安装现浇结构的上层模板及其支架时，下层楼板应具有承受上层荷载的承载能力，或加设支架；上下层支架的立柱应对准，并铺设垫板。

检查数量：全数检查。

检验方法：对照模板设计文件和施工技术方案观察。

（2）在涂刷模板隔离剂时，不得沾污钢筋和混凝土接槎处。

检查数量：全数检查。

检验方法：观察。

（二）一般项目

（1）模板安装应满足下列要求：

1）模板的接缝不应漏浆。在浇筑混凝土前，木模板应浇水湿润，但模板内不应有积水。

2）模板与混凝土的接触面应清理干净并涂刷隔离剂，但不得采用影响结构性能或妨碍装饰工程施工的隔离剂。

3）浇筑混凝土前，模板内的杂物应清理干净。

4）对清水混凝土工程及装饰混凝土工程，应使用能达到设计效果的模板。

检查数量：全数检查。

检验方法：观察。

（2）用作模板的地坪、胎模等应平整光洁，不得产生影响构件质量的下沉、裂缝、起砂或起鼓。

检查数量：全数检查。

检验方法：观察。

（3）对跨度不小于4m的现浇钢筋混凝土梁、板，其模板应按设计要求起拱，当设计无具体要求时，起拱高度宜为跨度的1/1000～3/1000。

检查数量：在同一检验批内的梁，应抽查构件数量的10%，且不少于3件；在同一检验批内的板，应按有代表性的自然间抽查10%，且不少于3间；对大空间结构，板可按纵、横轴线划分检查面，抽查10%，且不少于3面。

检验方法：水准仪或拉线、钢尺检查。

（4）固定在模板上的预埋件、预留孔和预留洞均不得遗漏，且应安装牢固，其偏差应符合表5-1的规定。

预埋件和预留孔洞的允许偏差 表5-1

项目		允许偏差（mm）	项目		允许偏差（mm）
预埋钢板中心线位置		3	预埋螺栓	中心线位置	2
预埋管、预留孔中心线位置		3		外露长度	+10，0
插筋	中心线位置	5	预留洞	中心线位置	10
	外露长度	+10，0		尺寸	+10，0

注：检查中心线位置时，应沿纵、横两个方向量测，并取其中的较大值。

检查数量：在同一检验批内，对梁、柱和独立基础，抽查构件数量的10%，且不少于3件；对墙和板，应按有代表性的自然间抽查10%，且不少于3间；对大空间结构，墙可按相邻轴线间高度5m左右划分检查面，板可按纵横轴线划分检查面，抽查10%，且均不少于3面。

检验方法：钢尺检查。

（5）现浇结构模板安装的偏差应符合表5-2的规定。

现浇结构模板安装的允许偏差及检验方法 表5-2

项目		允许偏差（mm）	检验方法
轴线位置		5	钢尺检查
底模上表面标高		±5	水准仪或拉线、钢尺检查
截面内部尺寸	基础	±10	钢尺检查
	柱、墙、梁	+4，-5	钢尺检查
层高垂直度	不大于5m	6	经纬仪或吊线、钢尺检查
	大于5m	8	经纬仪或吊线、钢尺检查
相邻两板表面高低差		2	钢尺检查
表面平整度		5	2m靠尺和塞尺检查

注：检查轴线位置时，应沿纵、横两个方向量测，并取其中的较大值。

检查数量：在同一检验批内，对梁、柱和独立基础，应抽查构件数量的10%，且不少于3件；对墙和板，应按有代表性的自然间抽查10%，且不少于3间；对大空间结构，墙可按相邻轴线间高度5m左右划分检查面，板可按纵、横轴线划分检查面，抽查10%，且均不少于3面。

三、模板拆除

（一）主控项目

（1）底模及其支架拆除时的混凝土强度应符合设计要求，当设计无具体要求时，混凝土强度应符合表5-3的规定。

检查数量：全数检查。

检验方法：检查同条件养护试件强度试验报告。

底模拆除时的混凝土强度要求　　　　表5-3

构件类型	构件跨度（m）	达到设计的混凝土立方体抗压强度标准值的百分率（%）	构件类型	构件跨度（m）	达到设计的混凝土立方体抗压强度标准值的百分率（%）
板	≤2	≥50	梁、拱、壳	≤8	≥75
	>2，≤8	≥75		>8	≥100
	>8	≥100	悬臂构件	—	≥100

（2）后浇带模板的拆除和支顶应按施工技术方案执行。

检查数量：全数检查。

检验方法：观察。

（二）一般项目

（1）侧模拆除时的混凝土强度应能保证其表面及棱角不受损伤。

检查数量：全数检查。

检验方法：观察。

（2）模板拆除时，不应对楼层形成冲击荷载。拆除的模板和支架宜分散堆放并及时清运。

检查数量：全数检查。

检验方法：观察。

第三节　钢筋分项工程

一、一般规定

（1）当钢筋的品种、级别或规格需作变更时，应办理设计变更文件。

（2）在浇筑混凝土之前，应进行钢筋隐蔽工程验收，其内容包括：

1）纵向受力钢筋的品种、规格、数量、位置等；

2）钢筋的连接方式、接头位置、接头数量、接头面积百分率等；

3）箍筋、横向钢筋的品种、规格、数量、间距等；

4）预埋件的规格、数量、位置等。

二、原材料

（一）主控项目

(1) 钢筋进场时,应按现行国家标准《钢筋混凝土用热轧带肋钢筋》CBl499等的规定抽取试件作力学性能检验,其质量必须符合有关标准的规定。

检查数量:按进场的批次和产品的抽样检验方案确定。

检验方法:检查产品合格证、出厂检验报告和进场复验报告。

(2) 对有抗震设防要求的框架结构,其纵向受力钢筋的强度应满足设计要求,当设计无具体要求时,对一二级抗震等级,检验所得的强度实测值应符合下列规定:

1) 钢筋的抗拉强度实测值与屈服强度实测值的比值不应小于1.25;

2) 钢筋的屈服强度实测值与强度标准值的比值不应大于1.3。

检查数量:按进场的批次和产品的抽样检验方案确定。

检验方法:检查进场复验报告。

(3) 当发现钢筋脆断、焊接性能不良或力学性能显著不正常等现象时,应对该批钢筋进行化学成分检验或其他专项检验。

检验方法:检查化学成分等专项检验报告。

(二) 一般项目

钢筋应平直、无损伤,表面不得有裂纹、油污、颗粒状或片状老锈。

检查数量:进场时和使用前全数检查。

检验方法:观察检查。

三、钢筋加工

(一) 主控项目

(1) 受力钢筋的弯钩和弯折应符合下列规定:

1) HPB235级钢筋末端应作180°弯钩,其弯弧内直径不应小于钢筋直径的2.5倍,弯钩的弯后平直部分长度不应小于钢筋直径的3倍;

2) 当设计要求钢筋末端需作135°弯钩时,HRB335级、HRB400级钢筋的弯弧内直径不应小于钢筋直径的4倍,弯钩的弯后平直部分长度应符合设计要求;

3) 钢筋作不大于90°的弯折时,弯折处的弯弧内直径不应小于钢筋直径的5倍。

检查数量:按每工作班同一类型钢筋、同一加工设备抽查不应少于3件。

检验方法:钢尺检查。

(2) 除焊接封闭环式箍筋外,箍筋的末端应作弯钩,弯钩形式应符合设计要求,当设计无具体要求时,应符合下列规定:

1) 箍筋弯钩的弯弧内直径除应满足上述规定外,尚应不小于受力钢筋直径;

2) 箍筋弯钩的弯折角度:对一般结构,不应小于90°,对有抗震等要求的结构,应为135°;

3) 箍筋弯后平直部分长度:对一般结构,不宜小于箍筋直径的5倍,对有抗震等要求的结构,不应小于箍筋直径的10倍。

检查数量:按每工作班同一类型钢筋、同一加工设备抽查不应少于3件。

检验方法:钢尺检查。

(二) 一般项目

(1) 钢筋调直宜采用机械方法,也可采用冷拉方法。当采用冷拉方法调直钢筋时,HPB235级钢筋的冷拉率不宜大于4%,HRB335级、HRB400级和RRB400级钢筋的冷拉率不宜大于1%。

检查数量：按每工作班同一类型钢筋、同一加工设备抽查不应少于3件。

检验方法：观察，钢尺检查。

(2) 钢筋加工的形状、尺寸应符合设计要求，其偏差应符合表5-4的规定。

检查数量：按每工作班同一类型钢筋、同一加工设备抽查不应少于3件。

检验方法：钢尺检查。

四、钢筋连接

(一) 主控项目

(1) 纵向受力钢筋的连接方式应符合设计要求。

检查数量：全数检查。

检验方法：观察检查。

钢筋加工的允许偏差　　表5-4

项　　目	允许偏差（mm）
受力钢筋顺长度方向全长的净尺寸	±10
弯起钢筋的弯折位置	+20
箍筋内净尺寸	±5

(2) 在施工现场，应按国家现行标准《钢筋机械连接通用技术规程》JGJ 107、《钢筋焊接及验收规程》JGJ 18的规定抽取钢筋机械连接接头、焊接接头试件作力学性能检验，其质量应符合有关规程的规定。

检查数量：按有关规程确定。

检验方法：检查产品合格证、接头力学性能试验报告。

(二) 一般项目

(1) 钢筋的接头宜设置在受力较小处。同一纵向受力钢筋不宜设置两个或两个以上接头。接头末端至钢筋弯起点的距离不应小于钢筋直径的10倍。

检查数量：全数检查。

检验方法：观察，钢尺检查。

(2) 在施工现场，应按国家现行标准《钢筋机械连接通用技术规程》JGJ107、《钢筋焊接及验收规程》JGJ 18的规定对钢筋机械连接接头、焊接接头的外观进行检查，其质量应符合有关规程的规定。

检查数量：全数检查。

检验方法：观察。

(3) 当受力钢筋采用机械连接接头或焊接接头时，设置在同一构件内的接头宜相互错开。

纵向受力钢筋机械连接接头及焊接接头连接区段的长度为35倍 d（d 为纵向受力钢筋的较大直径）且不小于500mm，凡接头中点位于该连接区段长度内的接头均属于同一连接区段。同一连接区段内，纵向受力钢筋机械连接及焊接的接头面积百分率为该区段内有接头的纵向受力钢筋截面面积与全部纵向受力钢筋截面面积的比值。

同一连接区段内，纵向受力钢筋的接头面积百分率应符合设计要求、当设计无具体要求时，应符合下列规定：

1) 在受拉区不宜大于50%；

2) 接头不宜设置在有抗震设防要求的框架梁端、柱端的箍筋加密区；当无法避开时，对等强度高质量机械连接接头，不应大于50%；

3) 直接承受动力荷载的结构构件中，不宜采用焊接接头；当采用机械连接接头时，不应大于50%。

检查数量：在同一检验批内，对梁、柱和独立基础，应抽查构件数量的10%，且不少于3件；对墙和板，应按有代表性的自然间抽查10%，且不少于3间；对大空间结构，墙可按相邻轴线间高度5m左右划分检查面，板可按纵横轴线划分检查面，抽查10%，且均不少于3面。

检验方法：观察，钢尺检查。

（4）同一构件中相邻纵向受力钢筋的绑扎搭接接头宜相互错开。绑扎搭接接头中钢筋的横向净距不应小于钢筋直径，且不应小于25mm。

钢筋绑扎搭接接头连接区段的长度为$1.3L_1$（L_1为搭接长度），凡搭接接头中点位于该连接区段长度内的搭接接头均属于同一连接区段。同一连接区段内，纵向钢筋搭接接头面积百分率为该区段内有搭接接头的纵向受力钢筋截面面积与全部纵向受力钢筋截面面积的比值。

同一连接区段内，纵向受拉钢筋搭接接头面积百分率应符合设计要求，当设计无具体要求时，应符合下列规定：

1）对梁类、板类及墙类构件，不宜大于25%；

2）对柱类构件，不宜大于50%；

3）当工程中确有必要增大接头面积百分率时，对梁类构件，不应大于50%；对其他构件，可根据实际情况放宽。纵向受力钢筋绑扎搭接接头的最小搭接长度应符合表5-5的规定。

纵向受拉钢筋的最小搭接长度 表5-5

钢筋类型		混凝土强度等级			
		C15	C20～C25	C30～C35	≥C40
光圆钢筋	HPB235级	$45d$	$35d$	$30d$	$25d$
带肋钢筋	HRB335级	$55d$	$45d$	$35d$	$30d$
	HRB400级、RRB400级	—	$55d$	$40d$	$35d$

注：两根直径不同钢筋的搭接长度，以较细钢筋的直径计。

检查数量：在同一检验批内，对梁、柱和独立基础，应抽查构件数量的10%，且不少于3件；对墙和板，应按有代表性的自然间抽查10%，且不少于3间；对大空间结构，墙可按相邻轴线间高度5m左右划分检查面，板可按纵、横轴线划分检查面，抽查10%，且均不少于3面。

检验方法：观察，钢尺检查。

（5）在梁、柱类构件的纵向受力钢筋搭接长度范围内，应按设计要求配置箍筋。当设计无具体要求时，应符合下列规定：

1）箍筋直径不应小于搭接钢筋较大直径的0.25倍；

2）受拉搭接区段的箍筋间距不应大于搭接钢筋较小直径的5倍，且不应大于100mm；

3）受压搭接区段的箍筋间距不应大于搭接钢筋较小直径的10倍，且不应大于200mm；

4）当柱中纵向受力钢筋直径大于25mm时，应在搭接接头两个端面外100mm范围内各设置两个箍筋，其间距宜为50mm。

检查数量：在同一检验批内，对梁、柱和独立基础，应抽查构件数量的10%，且不少于3件；对墙和板，应按有代表性的自然间抽查10%，且不少于3间；对大空间结构，墙可按相邻轴线间高度5m左右划分检查面，板可按纵、横轴线划分检查面，抽查10%，且均不少于3面。

检验方法：钢尺检查。

五、钢筋安装

（一）主控项目

钢筋安装时，受力钢筋的品种、级别、规格和数量必须符合设计要求。

检查数量：全数检查。

检验方法：观察，钢尺检查。

（二）一般项目

钢筋安装位置的偏差应符合表5-6的规定。

检查数量：在同一检验批内，对梁、柱和独立基础，应抽查构件数量的10%，且不少于3件；对墙和板，应按有代表性的自然间抽查10%，且不少于3间；对大空间结构，墙可按相邻轴线间高度5m左右划分检查面，板可按纵、横轴线划分检查面，抽查10%，且均不少于3面。

钢筋安装位置的允许偏差和检验方法　　　　表5-6

项　　目			允许偏差（mm）	检验方法
绑扎钢筋网	长、宽		+10	钢尺检查
	网眼尺寸		+20	钢尺量连续三档，取最大值
绑扎钢筋骨架	长		+10	钢尺检查
	宽、高		±5	钢尺检查
受力钢筋	间距		+10	钢尺量两端、中间各一点，取最大值
	排距		±5	
	保护层厚度	基础	+10	钢尺检查
		柱、梁	±5	钢尺检查
		板、墙、壳	±3	钢尺检查
绑扎箍筋、横向钢筋间距			±20	钢尺量连续三档，取最大值
钢筋弯起点位置			20	钢尺检查
预埋件	中心线位置		5	钢尺检查
	水平高差		+3，0	钢尺和塞尺检查

注：1. 检查预埋件中心线位置时，应沿纵、横两个方向量测，并取其中的较大值；
　　2. 表中梁类、板类构件上部纵向受力钢筋保护层厚度的合格点率应达到90%及以上，且不得有超过表中数值1.5倍的尺寸偏差。

第四节　混凝土分项工程

一、原材料

（一）主控项目

(1) 水泥进场时应对其品种、级别、包装或散装仓号、出厂日期等进行检查，并应对其强度、安定性及其他必要的性能指标进行复验，其质量必须符合现行国家标准《硅酸盐水泥、普通硅酸盐水泥》GB 175 等的规定。

当在使用中对水泥质量有怀疑或水泥出厂超过三个月（快硬硅酸盐水泥超过一个月）时，应进行复验，并按复验结果使用。钢筋混凝土结构、预应力混凝土结构中，严禁使用含氯化物的水泥。

检查数量：按同一生产厂家、同一等级、同一品种、同一批号且连续进场的水泥，袋装不超过 200t 为一批，散装不超过 500t 为一批，每批抽样不少于一次。

检验方法：检查产品合格证、出厂检验报告和进场复验报告。

(2) 混凝土中掺用外加剂的质量及应用技术应符合现行国家标准《混凝土外加剂》GB 8076、《混凝土外加剂应用技术规范》GB 50119 等和有关环境保护的规定。预应力混凝土结构中，严禁使用含氯化物的外加剂。钢筋混凝土结构中，当使用含氯化物的外加剂时，混凝土中氯化物的总含量应符合现行国家标准《混凝土质量控制标准》GB 50164—92 的规定。

检查数量：按进场的批次和产品的抽样检验方案确定。

检验方法：检查产品合格证、出厂检验报告和进场复验报告。

(3) 混凝土中氯化物和碱的总含量应符合现行国家标准《混凝土结构设计规范》GB 50010—2002 和设计的要求。

检验方法：检查原材料试验报告和氯化物、碱的总含量计算书。

(二) 一般项目

(1) 混凝土中掺用矿物掺合料的质量应符合现行国家标准《用于水泥和混凝土中的粉煤灰》GB 1596—2005 等的规定。矿物掺合料的掺量应通过试验确定。

检查数量：按进场的批次和产品的抽样检验方案确定。

检验方法：检查出厂合格证和进场复验报告。

(2) 普通混凝土所用的粗、细骨料的质量应符合国家现行标准《普通混凝土用碎石或卵石质量标准及检验方法》JGJ 53—92、《普通混凝土用砂质量标准及检验方法》JGJ 52—92 的规定。

检查数量：按进场的批次和产品的抽样检验方案确定。

检验方法：检查进场复验报告。

注：①混凝土用的粗骨料，其最大颗粒粒径不得超过构件截面最小尺寸的 1/4，且不得超过钢筋最小净间距的 3/4。

②对混凝土实心板，骨料的最大粒径不宜超过板厚的 1/3，且不得超过 40mm。

(3) 拌制混凝土宜采用饮用水；当采用其他水源时，水质应符合国家现行标准《混凝土拌合用水标准》JGJ 63—89 的规定。

检查数量：同一水源检查不应少于一次。

检验方法：检查水质试验报告。

二、配合比设计

(一) 主控项目

混凝土应按国家现行标准《普通混凝土配合比设计规程》JGJ 55—2000 的有关规定，

根据混凝土强度等级、耐久性和工作性等要求进行配合比设计。对有特殊要求的混凝土，其配合比设计尚应符合国家现行有关标准的专门规定。

检验方法：检查配合比设计资料。

（二）一般项目

（1）首次使用的混凝土配合比应进行开盘鉴定，其工作性应满足设计配合比的要求。开始生产时应至少留置一组标准养护试件，作为验证配合比的依据。

检验方法：检查开盘鉴定资料和试件强度试验报告。

（2）混凝土拌制前，应测定砂、石含水率并根据测试结果调整材料用量，提出施工配合比。

检查数量：每工作班检查一次。

检验方法：检查含水率测试结果和施工配合比通知单。

三、混凝土施工

（一）主控项目

（1）结构混凝土的强度等级必须符合设计要求。

用于检查结构构件混凝土强度的试件，应在混凝土的浇筑地点随机抽取。取样与试件留置应符合下列规定：

1）每拌制100盘且不超过100m^3的同配合比的混凝土，取样不得少于一次；

2）每工作班拌制的同一配合比混凝土不足100盘时，取样不得少于一次；

3）当一次连续浇筑超过1000m^3时，同一配合比的混凝土每200m^3取样不得少于一次；

4）每一楼层、同一配合比的混凝土，取样不得少于一次；

5）每次取样应至少留置一组标准养护试件，同条件养护试件的留置组数应根据实际需要确定。

检验方法：检查施工记录及试件强度试验报告。

（2）对有抗渗要求的混凝土结构，其混凝土试件应在浇筑地点随机取样。同一工程、同一配合比的混凝土，取样不应少于一次，留置组数可根据实际需要确定。

检验方法：检查试件抗渗试验报告。

（3）混凝土原材料每盘称量的偏差应符合表5-7的规定。

原材料每盘称量的允许偏差　　　　表5-7

材　料　名　称	允　许　偏　差	材　料　名　称	允　许　偏　差
水泥、掺合料	±2%	水、外加剂	±2%
粗、细骨料	±3%		

注：1. 各种衡器应定期校验，每次使用前应进行零点校核，保持计量准确；

　　2. 当遇雨天或含水率有显著变化时，应增加含水率检测次数，并及时调整水和骨料的用量。

检查数量：每工作班抽查不应少于一次。

检验方法：复称。

（4）混凝土运输、浇筑及间歇的全部时间不应超过混凝土的初凝时间。同一施工段的混凝土应连续浇筑，并应在底层混凝土初凝之前将上一层混凝土浇筑完毕。当底层混凝土初凝后浇筑上一层混凝土时，应按施工技术方案中对施工缝的要求进行处理。

检查数量：全数检查。

检验方法：观察，检查施工记录。

（二）一般项目

（1）施工缝的位置应在混凝土浇筑前按设计要求和施工技术方案确定。施工缝的处理应按施工技术方案执行。

检查数量：全数检查。

检验方法：观察，检查施工记录。

（2）后浇带的留置位置应按设计要求和施工技术方案确定。后浇带混凝土浇筑应按施工技术方案进行。

检查数量：全数检查。

检验方法：观察，检查施工记录。

（3）混凝土浇筑完毕后，应按施工技术方案及时采取有效的养护措施，并应符合下列规定。

1）应在浇筑完毕后的12h以内对混凝土加以覆盖并保湿养护。

2）混凝土浇水养护的时间：对采用硅酸盐水泥、普通硅酸盐水泥或矿渣硅酸盐水泥拌制的混凝土，不得少于7d；对掺用缓凝型外加剂或有抗渗要求的混凝土，不得少于14d。

3）浇水次数应能保持混凝土处于湿润状态；混凝土养护用水应与拌制用水相同。

4）采用塑料布覆盖养护的混凝土，其敞露的全部表面应覆盖严密，并应保持塑料布内有凝结水。

5）混凝土强度达到 $1.2N/mm^2$ 前，不得在其上踩踏或安装模板及支架。

检查数量：全数检查。

检验方法：观察，检查施工记录。

第五节 现浇结构分项工程

一、一般规定

（一）现浇结构的外观质量缺陷，应由监理（建设）单位、施工单位等各方根据其对结构性能和使用功能影响的严重程度，根据表5-8予以确定。

现浇结构外观质量缺陷　　　　表5-8

名称	现象	严重缺陷	一般缺陷
露筋	构件内钢筋未被混凝土包裹而外露	纵向受力钢筋有露筋	其他钢筋有少量露筋
蜂窝	混凝土表面缺少水泥砂浆而形成石子外露	构件主要受力部位有蜂窝	其他部位有少量蜂窝
孔洞	混凝土中孔穴深度和长度均超过保护层厚度	构件主要受力部位有孔洞	其他部位有少量孔洞
夹渣	混凝土中夹有杂物且深度超过保护层厚度	构件主要受力部位有夹渣	其他部位有少量夹渣

续表

名称	现象	严重缺陷	一般缺陷
疏松	混凝土中局部不密实	构件主要受力部位力部位有疏松	其他部位有少量疏松
裂缝	缝隙从混凝土表面延伸至混凝土内部	构件主要受力部位有影响结构性能或使用功能的裂缝	其他部位有少量不影响结构性能或使用功能的裂缝
连接部位缺陷	构件连接处混凝土缺陷及连接钢筋、连接件松动	连接部位有影响结构传力性能的缺陷	连接部位有基本不影响结构传力性能的缺陷
外形缺陷	缺棱掉角、棱角不直、翘曲不平、飞边凸肋等	清水混凝土构件有影响使用功能或装饰效果的外形缺陷	其他混凝土构件有不影响使用功能的外形缺陷
外表缺陷	构件表面麻面、掉皮、起砂、沾污等	具有重要装饰效果的清水混凝土构件有外表缺陷	其他混凝土构件有不影响使用功能的外表缺陷

（二）现浇结构拆模后，应由监理（建议）单位、施工单位对外观质量和尺寸偏差进行检查，作出记录，并应及时按施工技术方案对缺陷进行处理。

二、外观质量

（一）主控项目

现浇结构的外观质量不应有严重缺陷。对已经出现的严重缺陷，应由施工单位提出技术处理方案，并经监理（建设）单位认可后进行处理。对经处理的部位，应重新检查验收。

检查数量：全数检查。

检验方法：观察检查，检查技术处理方案。

（二）一般项目

现浇结构的外观质量不宜有一般缺陷。对已经出现的一般缺陷，应由施工单位按技术处理方案进行处理，并重新检查验收。

检查数量：全数检查。

检验方法：观察，检查技术处理方案。

三、尺寸偏差

（一）主控项目

现浇结构不应有影响结构性能和使用功能的尺寸偏差。混凝土设备基础不应有影响结构性能和设备安装的尺寸偏差。对超过尺寸允许偏差且影响结构性能和安装、使用功能的部位，应由施工单位提出技术处理方案，并经监理（建设）单位认可后进行处理。对经处理的部位，应重新检查验收。

检查数量：全数检查。

检验方法：量测，检查技术处理方案。

（二）一般项目

现浇结构和混凝土设备基础拆模后的尺寸偏差应符合表5-9、表5-10的规定。

检查数量：按楼层、结构缝或施工段划分检验批。在同一检验批内，对梁、柱和独立基础，应抽查构件数量的10%，且不少于3件；对墙和板，应按有代表性的自然间抽查10%，且不少于3间；对大空间结构，墙可按相邻轴线间高度5m左右划分检查面，板可按纵、横轴线划分检查面，抽查10%，且均不少于3面；对电梯井，应全数检查。对设备基础，应全数检查。

现浇结构尺寸允许偏差和检验方法　　　　　　　　　　　　　　　　　　表 5-9

项　目		允许偏差（mm）	检　验　方　法
轴线位置	基　础	15	钢尺检查
	独立基础	10	
	墙、柱、梁	8	
	剪力墙	5	
垂直度	层高 ≤5m	8	经纬仪或吊线、钢尺检查
	层高 >5m	10	经纬仪或吊线、钢尺检查
	全高（H）	H/1000且≤30	经纬仪、钢尺检查
标高	层　高	±10	水准仪或拉线、钢尺检查
	全　高	±30	
截面尺寸		+8，-5	钢尺检查
电梯井	井筒长、宽对定位中线	+25，0	钢尺检查
	井筒全高（H）垂直度	H/1000且≤30	经纬仪、钢尺检查
表面平整度		8	2m靠尺和塞尺检查
预埋设施中心线位置	预埋件	10	钢尺检查
	预埋螺栓	5	
	预埋管	5	
预留沿中心线位置		15	钢尺检查

注：检查轴线、中心线位置时，应沿纵、横两个方向量测，并取其中的较大值。

混凝土设备基础尺寸允许偏差和检验方法　　　　　　　　　　　　　　　表 5-10

项　目		允许偏差（mm）	检　验　方　法
坐标位置		20	钢尺检查
不同平面的标高		0，-20	水准仪或拉线、钢尺检查
平面外形尺寸		+20	钢尺检查
凸台上平面外形尺寸		0，-20	钢尺检查
凹穴尺寸		+20，0	钢尺检查
平面水平度	每　米	5	水平尺、塞尺检查
	全　长	10	水准仪或拉线、钢尺检查
垂直度	每　米	5	经纬仪或吊线、钢尺检查
	全　高	10	
预埋地脚螺栓	标高（顶部）	+20，0	水准仪或拉线、钢尺检查
	中心距	±2	钢尺检查
预埋地脚螺栓孔	中心线位置	10	钢尺检查
	深　度	+20，0	钢尺检查
	孔垂直度	10	吊线、钢尺检查
预埋活动地脚螺栓锚板	标　高	+20，0	水准仪或拉线、钢尺检查
	中心线位置	5	钢尺检查
	带槽锚板平整度	5	钢尺、塞尺检查
	带螺纹孔锚板平整度	2	钢尺、塞尺检查

第六节 混凝土结构子分部工程

一、结构实体检验

（一）对涉及混凝土结构安全的重要部位应进行结构实体检验。结构实体检验应在监理工程师（建设单位项目专业技术负责人）见证下，由施工项目技术负责人组织实施。承担结构实体检验的试验室应具有相应的资质。

（二）结构实体检验的内容应包括混凝土强度、钢筋保护层厚度以及工程合同约定的项目。必要时可检验其他项目。

（三）对混凝土强度的检验，应以在混凝土浇筑地点制备并与结构实体同条件养护的试件强度为依据。混凝土强度检验用同条件养护试件的留置、养护和强度代表值应符合规范（GB 50204—2002）附录 D 的规定。对混凝土强度的检验，也可根据合同的约定，采用非破损或局部破损的检测方法，按国家现行有关标准的规定进行。

（四）当同条件养护试件强度的检验结果符合现行国家标准《混凝土强度检验评定标准》GBJ 107 的有关规定时，混凝土强度应判为合格。

（五）对钢筋保护层厚度的检验，抽样数量、检验方法、允许偏差和合格条件应符合规范（GB 50204—2002）附录 E 的规定。

（六）当未能取得同条件养护试件强度、同条件养护试件强度被判为不合格或钢筋保护层厚度不满足要求时，应委托具有相应资质等级的检测机构按国家有关标准的规定进行检测。

二、混凝土结构子分部工程验收

（一）混凝土结构子分部工程施工质量验收时，应提供下列文件和记录：
(1) 设计变更文件；
(2) 原材料出厂合格证和进场复验报告；
(3) 钢筋接头的试验报告；
(4) 混凝土工程施工记录；
(5) 混凝土试件的性能试验报告；
(6) 装配式结构预制构件的合格证和安装验收记录；
(7) 预应力筋用锚具、连接器的合格证和进场复验报告；
(8) 预应力筋安装、张拉及灌浆记录；
(9) 隐蔽工程验收记录；
(10) 分项工程验收记录；
(11) 混凝土结构实体，检验记录；
(12) 工程的重大质量问题的处理方案和验收记录；
(13) 其他必要的文件和记录。

（二）混凝土结构子分部工程施工质量验收合格应符合下列规定：
(1) 有关分项工程施工质量验收合格；
(2) 应有完整的质量控制资料；
(3) 观感质量验收合格；

（4）结构实体检验结果满足本规范的要求。

（三）当混凝土结构施工质量不符合要求时，应按下列规定进行处理：

（1）经返工、返修或更换构件、部件的检验批，应重新进行验收；

（2）经有资质的检测单位检测鉴定达到设计要求的检验批，应予以验收；

（3）经有资质的检测单位检测鉴定达不到设计要求，但经原设计单位核算并确认仍可满足结构安全和使用功能的检验批，可予以验收；

（4）经返修或加固处理能够满足结构安全使用要求的分项工程，可根据技术处理方案和协商文件进行验收。

（四）混凝土结构工程子分部工程施工质量验收合格后，应将所有的验收文件存档备案。

复 习 思 考 题

1. 施工单位应如何做好施工现场质量管理？
2. 何谓结构缝？结构缝验收时应注意哪些事项？
3. 较大跨度的梁、板，其底模板安装时如何确定起拱高度？
4. 试述抽样检查数量中"双控"的含义。
5. 混凝土拆模时对混凝土强度要求有哪些？
6. 按一、二级抗震等级设计的框架结构中的纵向受力钢筋，其强度实测值应满足哪些要求？目的是什么？
7. 钢筋安装完毕后，应进行哪些方面的检查验收？
8. 为什么混凝土后浇带留设位置、浇筑时间、处理方法应按设计要求和施工技术方案确定？
9. 现浇结构分项工程如何划分检验批？
10. 为什么要加强对实体混凝土强度和重要结构构件钢筋保护层厚度的检测？
11. 在允许偏差表中"0"表示什么含意？
12. 混凝土后浇带位置、浇筑时间和处理方法应怎样确定和控制？
13. 规范中"有代表性的部位"一词该如何释意？

第六章 建筑装饰装修工程施工质量验收

第一节 地 面 工 程

一、基本规定

(1) 建筑地面工程采用的材料应按设计要求和规范的规定选用，并应符合国家标准的规定；进场材料应有中文质量合格证明文件、规格、型号及性能检测报告，对重要材料应有复验报告。

(2) 厕浴间和有防滑要求的建筑地面的板块材料应符合设计要求。

(3) 建筑地面下的沟槽、暗管等工程完工后，经检验合格并做隐蔽记录，方可进行建筑地面工程的施工。

(4) 建筑地面工程基层（各构造层）和面层的铺设，均应待其下一层检验合格后方可施工上一层。建筑地面工程各层铺设前与相关专业的分部（子分部）工程、分项工程以及设备管道安装工程之间，应进行交接检验。

(5) 水泥混凝土散水、明沟，应设置伸缩缝，其延米间距不得大于 10m；房屋转角处应做 45°缝。水泥混凝土散水、明沟和台阶等与建筑物连接处应设缝处理。上述缝宽度为 15～20mm，缝内填嵌柔性密封材料。

(6) 厕浴间、厨房和有排水（或其他液体）要求的建筑地面面层与相连接各类面层的标高差应符合设计要求。

(7) 检验水泥混凝土和水泥砂浆强度试块的组数，按每一层（或检验批）建筑地面工程不应小于 1 组。当每一层（或检验批）建筑地面工程面积大于 1000m^2 时，每增加 1000m^2 应增做 1 组试块；小于 1000m^2 时，按 1000m^2 计算。当改变配合比时，亦应相应地制作试块组数。

(8) 各类面层的铺设宜在室内装饰工程基本完工后进行。木、竹面层以及活动地板、塑料板、地毯面层的铺设，应待抹灰工程或管道试压等施工完工后进行。

(9) 建筑地面工程施工质量的检验，应符合下列规定：

1) 基层（各构造层）和各类面层的分项工程的施工质量验收应按每一层次或每层施工段（或变形缝）作为检验批，高层建筑的标准层可按每三层（不足三层按三层计）作为检验批。

2) 每检验批应以各子分部工程的基层（各构造层）和各类面层所划分的分项工程按自然间（或标准间）检验，抽查数量应随机检验不应少于 3 间；不足 3 间，应全数检查；其中走廊（过道）应以 10 延长米为 1 间，工业厂房（按单跨计）、礼堂、门厅应以两个轴线为 1 间计算。

3) 有防水要求的建筑地面子分部工程的分项工程施工质量每检验批抽查数量应按其房间总数随机检验不应少于 4 间，不足 4 间应全数检查。

4）建筑地面工程的分项工程施工质量检验的主控项目，必须达到规范规定的质量标准，认定为合格；一般项目80％以上的检查点（处）符合规范规定的质量要求，其他检查点（处）不得明显影响使用，并不得大于允许偏差值的50％为合格。凡达不到质量标准时，应按现行国家标准《建筑工程施工质量验收统一标准》GB 50300—2001的规定处理。

二、整体地面

（一）一般规定

（1）铺设整体面层时，其水泥类基层的抗压强度不得小于1.2 MPa；表面应粗糙、洁净、湿润并不得有积水。铺设前宜涂刷界面处理剂。

（2）整体面层施工后，养护时间不应少于7d；抗压强度应达到5MPa以后，方准上人行走；抗压强度应达到设计要求后，方可正常使用。

（3）整体面层的抹平工作应在水泥初凝前完成，压光工作应在水泥终凝前完成。

（二）水泥混凝土面层

1. 主控项目

（1）水泥混凝土采用的粗骨料，其最大粒径不应大于面层厚度的2/3，细石混凝土面层采用的石子粒径不应大于15mm。

检验方法：观察检查和检查材质合格证明文件及检测报告。

（2）面层的强度等级应符合设计要求，且水泥混凝土面层强度等级不应小于C20；水泥混凝土垫层兼面层强度等级不应小于C15。

检验方法：检查配合比通知单及检测报告。

（3）面层与下一层应结合牢固，无空鼓、裂纹。

检验方法：用小锤轻击检查。

2. 一般项目

（1）面层表面不应有裂纹、脱皮、麻面、起砂等缺陷。

检验方法：观察检查。

（2）面层表面的坡度应符合设计要求，不得有倒泛水和积水现象。

检验方法：观察和采用泼水或用坡度尺检查。

（3）水泥砂浆踢脚线与墙面应紧密结合，高度一致，出墙厚度均匀。

检验方法：用小锤轻击、钢尺和观察检查。

（4）楼梯踏步的宽度、高度应符合设计要求。楼层梯段相邻踏步高度差不应大于10mm，每踏步两端宽度差不应大于10mm；旋转楼梯梯段的每踏步两端宽度的允许偏差为5mm。楼梯踏步的齿角应整齐，防滑条应顺直。

检验方法：观察和钢尺检查。

（5）水泥混凝土面层的允许偏差和检验方法应符合表6-1的规定。

（三）水泥砂浆面层

1. 主控项目

（1）水泥采用硅酸盐水泥、普通硅酸盐水泥，其强度等级不应小于32.5级，不同品种、不同强度等级的水泥严禁混用；砂应为中粗砂，当采用石屑时，其粒径应为1~5mm，且含泥量不应大于3％。

检验方法：观察检查和检查材质合格证明文件及检测报告。

整体面层的允许偏差和检验方法　　　　　　表 6-1

项次	项 目	允许偏差（mm）				检 验 方 法
		水泥混凝土面层	水泥砂浆面层	普通水磨石面层	高级水磨石面层	
1	表面平整度	5	4	3	2	用 2m 靠尺和楔形塞尺检查
2	踢脚线上口平直	4	4	3	3	拉 5m 线和用钢尺检查
3	缝格平直	3	3	3	2	

（2）水泥砂浆面层的体积比（强度等级）必须符合设计要求；且体积比为 1:2，强度等级不应小于 M15。

检验方法：检查配合比通知单和检测报告。

（3）面层与下一层应结合牢固，无空鼓、裂纹。

检验方法：用小锤轻击检查。

2．一般项目

（1）面层表面的坡度应符合设计要求，不得有倒泛水和积水现象。

检验方法：观察和采用泼水或坡度尺检查。

（2）面层表面应洁净，无裂纹、脱皮、麻面、起砂等缺陷。

检验方法：观察检查。

（3）踢脚线与墙面应紧密结合，高度一致，出墙厚度均匀。

检验方法：用小锤轻击，观察和钢尺检查。

（4）楼梯踏步的宽度、高度应符合设计要求。楼层梯段相邻踏步高度差不应大于 10mm，每踏步两端宽度差不应大于 10mm；旋转楼梯梯段的每踏步两端宽度的允许偏差为 5mm。楼梯踏步的齿角应整齐，防滑条应顺直。

检验方法：观察和钢尺检查。

（5）水泥砂浆面层的允许偏差和检验方法应符合表 6-1 的规定。

（四）水磨石面层

1．主控项目

（1）水磨石面层的石粒，应采用坚硬可磨白云石、大理石等岩石加工而成，石粒应洁净无杂物，其粒径除特殊要求外应为 6～15mm；水泥强度等级不应小于 32.5 级；颜料应采用耐光、耐碱的矿物原料，不得使用酸性颜料。

检验方法：观察检查和检查材质合格证明文件。

（2）水磨石面层拌合料的体积比应符合设计要求，且为 1:1.5～1:2.5（水泥:石粒）。

检验方法：检查配合比通知单和检测报告。

（3）面层与下一层结合应牢固，无空鼓、裂纹。

检验方法：用小锤轻击检查。

2．一般项目

（1）面层表面应光滑；无明显裂纹、砂眼和磨纹；石粒密实，显露均匀；颜色图案一致，不混色；分格条牢固、顺直和清晰。

检验方法：观察检查。

(2) 踢脚线与墙面应紧密结合，高度一致，出墙厚度均匀。

检验方法：用小锤轻击、钢尺和观察检查。

(3) 楼梯踏步的宽度、高度应符合设计要求。楼层梯段相邻踏步高度差不应大于10mm，每踏步两端宽度差不应大于10mm，旋转楼梯梯段的每踏步两端宽度的允许偏差为5mm。楼梯踏步的齿角应整齐，防滑条应顺直。

检验方法：观察和钢尺检查。

(4) 水磨石面层的允许偏差和检验方法应符合表6-1的规定。

三、板块面层

(一) 陶瓷地砖面层

1. 主控项目

(1) 面层所用的板块的品种、质量必须符合设计要求。

检验方法：观察检查和检查材质合格证明文件及检测报告。

(2) 面层与下一层的结合（粘结）应牢固，无空鼓。

检验方法：用小锤轻击检查。

2. 一般项目

(1) 面层的表面应洁净、图案清晰，色泽一致，接缝平整，深浅一致，周边顺直。板块无裂纹、掉角和缺楞等缺陷。

检验方法：观察检查。

(2) 面层邻接处的镶边用料及尺寸应符合设计要求，边角整齐、光滑。

检验方法：观察和用钢尺检查。

(3) 踢脚线表面应洁净、高度一致、结合牢固、出墙厚度一致。

检验方法：观察和用小锤轻击及钢尺检查。

(4) 楼梯踏步和台阶板块的缝隙宽度应一致、齿角整齐；楼层梯段相邻踏步高度差不应大于10mm；防滑条顺直。

检验方法：观察和用钢尺检查。

(5) 面层表面的坡度应符合设计要求，不倒泛水，无积水；与地漏、管道结合处应严密牢固，无渗漏。

检验方法：观察、泼水或坡度尺及蓄水检查。

(6) 地砖面层的允许偏差和检验方法应符合表6-2的规定。

板块面层的允许偏差和检验方法　　　　表6-2

项次	项　目	允许偏差（mm）		检　验　方　法
		陶瓷地砖面层	大理石和花岗石面层	
1	表面平整度	2	1	用2m靠尺和楔形塞尺检查
2	缝格平直	3	2	拉5m线和用钢尺检查
3	接缝高低差	0.5	0.5	用钢尺和楔形塞尺检查
4	踢脚线上口平直	3	1	拉5m线和用钢尺检查
5	板块间隙宽度	2	1	用钢尺检查

（二）大理石和花岗石面层

1．主控项目

（1）大理石、花岗石面层所用板块的品种、质量应符合设计要求。

检验方法：观察检查和检查材质合格记录。

（2）面层与下一层应结合牢固，无空鼓。

检验方法：用小锤轻击检查。

2．一般项目

（1）大理石、花岗石面层的表面应洁净、平整、无磨痕，且应图案清晰、色泽一致、接缝均匀、周边顺直、镶嵌正确，板块无裂纹、掉角、缺楞等缺陷。

检验方法：观察检查。

（2）踢脚线表面应洁净，高度一致、结合牢固、出墙厚度一致。

检验方法：观察和用小锤轻击及钢尺检查。

（3）楼梯踏步和台阶板块的缝隙宽度应一致、齿角整齐，楼层梯段相邻踏步高度差不应大于10mm，防滑条应顺直、牢固。

检验方法：观察和用钢尺检查。

（4）面层表面的坡度应符合设计要求，不倒泛水、无积水；与地漏、管道结合处应严密牢固，无渗漏。

检验方法：观察、泼水或坡度尺及蓄水检查。

（5）大理石和花岗石面层的允许偏差和检验方法应符合表6-2的规定。

（三）实木地板面层

1．主控项目

（1）实木地板面层所采用的材质和铺设时的木材含水率必须符合设计要求。木搁栅、垫木和毛地板等必须作防腐、防蛀处理。

检验方法：观察检查和检查材质合格证明文件及检测报告。

（2）搁栅安装应牢固、平直。

检验方法：观察、脚踩检查。

（3）面层铺设应牢固；粘结无空鼓。

检验方法：观察、脚踩或用小锤轻击检查。

2．一般项目

（1）实木地板面层应刨平、磨光，无明显刨痕和毛刺等现象；图案清晰、颜色均匀一致。

检验方法：观察、手摸和脚踩检查。

（2）面层缝隙应严密；接头位置应错开、表面洁净。

检验方法：观察检查。

（3）拼花地板接缝应对齐，粘、钉严密；缝隙宽度均匀一致；表面洁净，胶粘无溢胶。

检验方法：观察检查。

（4）踢脚线表面应光滑，接缝严密，高度一致。

检验方法：观察和钢尺检查。

(5) 实木地板面层的允许偏差和检验方法应符合表 6-3 的规定。

实木地板面层允许偏差和检验方法　　　　　　表 6-3

项次	项 目	允许偏差（mm）			检 验 方 法
		松木地板	硬木地板	拼花地板	
1	板面缝隙宽度	1.0	0.5	0.2	用钢尺检查
2	表面平整度	3.0	2.0	2.0	用2m靠尺和楔形塞尺检查
3	踢脚线上口平齐	3.0	3.0	3.0	拉5m线，不足5m拉通线，用钢直尺检查
4	板面拼缝平直	3.0	3.0	3.0	拉5m线，不足5m拉通线，用钢直尺检查
5	相邻板材高差	0.5	0.5	0.5	用钢尺和楔形塞尺检查
6	踢脚线与面层的接缝	1.0	1.0	1.0	用楔形塞尺检查

第二节　抹　灰　工　程

一、一般规定

（一）抹灰工程验收时应检查下列文件和记录：
(1) 抹灰工程的施工图、设计说明及其他设计文件。
(2) 材料的产品合格证书、性能检测报告、进场验收记录和复验报告。
(3) 隐蔽工程验收记录。
(4) 施工记录。
（二）抹灰工程应对水泥的凝结时间和安定性进行复验。
（三）抹灰工程应对下列隐蔽工程项目进行验收：
(1) 抹灰总厚度大于或等于 35mm 时的加强措施。
(2) 不同材料基体交接处的加强措施。
（四）各分项工程的检验批应按下列规定划分：
(1) 相同材料、工艺和施工条件的室外抹灰工程每 500～1000m² 应划分为一个检验批，不足 500m² 也应划分为一个检验批。
(2) 相同材料、工艺和施工条件的室内抹灰工程每 50 个自然间（大面积房间和走廊按抹灰面积 30m² 为一间）应划分为一个检验批，不足 50 间也应划分为一个检验批。
（五）检查数量应符合下列规定：
(1) 室内每个检验批应至少抽查 10%，并不得少于 3 间；不足 3 间时应全数检查。
(2) 室外每个检验批每 100m² 应至少抽查一处，每处不得小于 10m²。
（六）外墙抹灰工程施工前应先安装钢木门窗框、护栏等，并应将墙上的施工孔洞堵塞密实。
（七）抹灰用的石灰膏的熟化期不应少于 15d；罩面用的磨细石灰粉的熟化期不应少于 3d。
（八）室内墙面、柱面和门洞口的阳角做法应符合设计要求。设计无要求时，应采用 1:2 水泥砂浆做暗护角，其高度不应低于 2m，每侧宽度不应小于 50mm。
（九）当要求抹灰层具有防水、防潮功能时，应采用防水砂浆。

（十）各种砂浆抹灰层，在凝结前应防止快干、水冲、撞击、振动和受冻，在凝结后应采取措施防止沾污和损坏。水泥砂浆抹灰层应在湿润条件下养护。

（十一）外墙和顶棚的抹灰层与基层之间及各抹灰层之间必须粘结牢固。

（十二）一般抹灰工程分为普通抹灰和高级抹灰，当设计无要求时，按普通抹灰验收。

二、一般抹灰工程

（一）主控项目

（1）抹灰前基层表面的尘土、污垢、油渍等应清除干净，并应洒水润湿。

检验方法：检查施工记录。

（2）一般抹灰所用材料的品种和性能应符合设计要求。水泥的凝结时间和安定性复验应合格。砂浆的配合比应符合设计要求。

检验方法：检查产品合格证书、进场验收记录、复验报告和施工记录。

（3）抹灰工程应分层进行。当抹灰总厚度大于或等于35mm时，应采取加强措施。不同材料基体交接处表面的抹灰，应采取防止开裂的加强措施，当采用加强网时，加强网与各基体的搭接宽度不应小于100mm。

检验方法：检查隐蔽工程验收记录和施工记录。

（4）抹灰层与基层之间及各抹灰层之间必须粘结牢固，抹灰层应无脱层、空鼓，面层应无爆灰和裂缝。

检验方法：观察；用小锤轻击检查；检查施工记录。

（二）一般项目

（1）一般抹灰工程的表面质量应符合下列规定：

1）普通抹灰表面应光滑、洁净、接槎平整，分格缝应清晰。

2）高级抹灰表面应光滑、洁净、颜色均匀、无抹纹，分格缝和灰线应清晰美观。

检验方法：观察；手摸检查。

（2）护角、孔洞、槽、盒周围的抹灰表面应整齐、光滑；管道后面的抹灰表面应平整。

检验方法：观察。

（3）抹灰层的总厚度应符合设计要求；水泥砂浆不得抹在石灰砂浆层上；罩面石灰膏不得抹在水泥砂浆层上。

检验方法：检查施工记录。

（4）抹灰分格缝的设置应符合设计要求，宽度和深度应均匀，表面应光滑，棱角应整齐。

检验方法：观察；尺量检查。

（5）有排水要求的部位应做滴水线（槽）。滴水线（槽）应整齐顺直，滴水线应内高外低，滴水槽的宽度和深度均不应小于10mm。

检验方法：观察；尺量检查。

（6）一般抹灰工程质量的允许偏差和检验方法应符合表6-4的规定。

三、装饰抹灰工程

（一）主控项目

（1）抹灰前基层表面的尘土、污垢、油渍等应清除干净，并应洒水润湿。

检验方法：检查施工记录。

（2）装饰抹灰工程所用材料的品种和性能应符合设计要求。水泥的凝结时间和安定性复验应合格。砂浆的配合比应符合设计要求。

检验方法：检查产品合格证书、进场验收记录、复验报告和施工记录。

一般抹灰的允许偏差和检验方法　　　　表 6-4

项次	项　目	允许偏差（mm）		检　验　方　法
		普通抹灰	高级抹灰	
1	立面垂直度	4	3	用 2m 垂直检测尺检查
2	表面平整度	4	3	用 2m 靠尺和塞尺检查
3	阴阳角方正	4	3	用直角检测尺检查
4	分格条（缝）直线度	4	3	拉 5m 线，不足 5m 拉通线，用钢直尺检查
5	墙裙、勒脚上口直线度	4	3	拉 5m 线，不足 5m 拉通线，用钢直尺检查

注：1. 普通抹灰，本表第 3 项阴角方正可不检查；
　　2. 顶棚抹灰，本表第 2 项表面平整度可不检查，但应平顺。

（3）抹灰工程应分层进行。当抹灰总厚度大于或等于 35mm 时，应采取加强措施。不同材料基体交接处表面的抹灰，应采取防止开裂的加强措施，当采用加强网时，加强网与各基体的搭接宽度不应小于 100mm。

检验方法：检查隐蔽工程验收记录和施工记录。

（4）各抹灰层之间及抹灰层与基体之间必须粘结牢固，抹灰层应无脱层、空鼓和裂缝。

检验方法：观察；用小锤轻击检查；检查施工记录。

（二）一般项目

（1）装饰抹灰工程的表面质量应符合下列规定：

1）水刷石表面应石粒清晰、分布均匀、紧密平整、色泽一致，应无掉粒和接槎痕迹。

2）斩假石表面剁纹应均匀顺直、深浅一致，应无漏剁处；阳角处应横剁并留出宽窄一致的不剁边条，棱角应无损坏。

3）干粘石表面应色泽一致、不露浆、不漏粘，石粒应粘结牢固、分布均匀，阳角处应无明显黑边。

4）假面砖表面应平整、沟纹清晰、留缝整齐、色泽一致，应无掉角、脱皮、起砂等缺陷。

检验方法：观察；手摸检查。

（2）装饰抹灰分格条（缝）的设置应符合设计要求，宽度和深度应均匀，表面应平整光滑，棱角应整齐。

检验方法：观察。

（3）有排水要求的部位应做滴水线（槽）。滴水线（槽）应整齐顺直，滴水线应内高外低，滴水槽的宽度和深度均不应小于 10mm。

检验方法：观察；尺量检查。

（4）装饰抹灰工程质量的允许偏差和检验方法应符合表 6-5 的规定。

装饰抹灰的允许偏差和检验方法　　　　　　表 6-5

项次	项　目	允许偏差（mm）				检　验　方　法
		水刷石	斩假石	干粘石	假面砖	
1	立面垂直度	5	4	5	5	用 2m 垂直检测尺检查
2	表面平整度	3	3	5	4	用 2m 靠尺和塞尺检查
3	阳角方正	3	3	4	4	用直角检测尺检查
4	分格条(缝)直线度	3	3	3	3	拉 5m 线，不足 5m 拉通线，用钢直尺检查
5	墙裙、勒脚上口直线度	3	3	—	—	拉 5m 线，不足 5m 拉通线，用钢直尺检查

第三节　门　窗　工　程

一、一般规定

（一）门窗工程验收时应检查下列文件和记录：

（1）门窗工程的施工图、设计说明及其他设计文件。

（2）材料的产品合格证书、性能检测报告、进场验收记录和复验报告。

（3）特种门及其附件的生产许可文件。

（4）隐蔽工程验收记录。

（5）施工记录。

（二）门窗工程应对下列材料及其性能指标进行复验：

（1）人造木板的甲醛含量。

（2）建筑外墙金属窗、塑料窗的抗风压性能、空气渗透性能和雨水渗漏性能。

（三）门窗工程应对下列隐蔽工程项目进行验收：

（1）预埋件和锚固件。

（2）隐蔽部位的防腐、填嵌处理。

（四）各分项工程的检验批应按下列规定划分：

（1）同一品种、类型和规格的木门窗、金属门窗、塑料门窗及门窗玻璃每 100 樘应划分为一个检验批，不足 100 樘也应划分为一个检验批。

（2）同一品种、类型和规格的特种门每 50 樘应划分为一个检验批，不足 50 樘也应划分为一个检验批。

（五）检查数量应符合下列规定：

（1）木门窗、金属门窗、塑料门窗及门窗玻璃，每个检验批应至少抽查 5%，并不得少于 3 樘，不足 3 樘时应全数检查；高层建筑的外窗，每个检验批应至少抽查 10%，并不得少于 6 樘，不足 6 樘时应全数检查。

（2）特种门每个检验批应至少抽查 50%，并不得少于 10 樘，不足 10 樘时应全数检查。

（六）门窗安装前，应对门窗洞口尺寸进行检验。

（七）金属门窗和塑料门窗安装应采用预留洞口的方法施工，不得采用边安装边砌口或先安装后砌口的方法施工。

（八）木门窗与砖石砌体、混凝土或抹灰层接触处应进行防腐处理并应设置防潮层；埋入砌体或混凝土中的木砖应进行防腐处理。

（九）当金属窗或塑料窗组合时，其拼樘料的尺寸、规格、壁厚应符合设计要求。

（十）建筑外门窗的安装必须牢固。在砌体上安装门窗严禁用射钉固定。

二、木门窗制作与安装工程

（一）主控项目

（1）木门窗的木材品种、材质等级、规格、尺寸、框扇的线型及人造木板的甲醛含量应符合设计要求。

检验方法：观察；检查材料进场验收记录和复验报告。

（2）木门窗应采用烘干的木材，含水率应符合《建筑木门、木窗》（JG/T 122）的规定。

检验方法：检查材料进场验收记录。

（3）木门窗的防火、防腐、防虫处理应符合设计要求。

检验方法：观察；检查材料进场验收记录。

（4）木门窗的结合处和安装配件处不得有木节或已填补的木节。木门窗如有允许限值以内的死节及直径较大的虫眼时，应用同一材质的木塞加胶填补。对于清漆制品，木塞的木纹和色泽应与制品一致。

检验方法：观察。

（5）门窗框和厚度大于50mm的门窗扇应用双榫连接。榫槽应采用胶料严密嵌合，并应用胶楔加紧。

检验方法：观察；手扳检查。

（6）胶合板门、纤维板门和模压门不得脱胶。胶合板不得刨透表层单板，不得有戗槎。制作胶合板门、纤维板门时，边框和横楞应在同一平面上，面层、边框及横楞应加压胶结。横楞和上、下冒头应各钻两个以上的透气孔，透气孔应通畅。

检验方法：观察。

（7）木门窗的品种、类型、规格、开启方向、安装位置及连接方式应符合设计要求。

检验方法：观察；尺量检查；检查成品门的产品合格证书。

（8）木门窗框的安装必须牢固。预埋木砖的防腐处理、木门窗框固定点的数量、位置及固定方法应符合设计要求。

检验方法：观察；手扳检查；检查隐蔽工程验收记录和施工记录。

（9）木门窗扇必须安装牢固，并应开关灵活，关闭严密，无倒翘。

检验方法：观察；开启和关闭检查；手扳检查。

（10）木门窗配件的型号、规格、数量应符合设计要求，安装应牢固，位置应正确，功能应满足使用要求。

检验方法：观察；开启和关闭检查；手扳检查。

（二）一般项目

（1）木门窗表面应洁净，不得有刨痕、锤印。

检验方法：观察。

（2）木门窗的割角、拼缝应严密平整。门窗框、扇裁口应顺直，刨面应平整。

检验方法：观察。

（3）木门窗上的槽、孔应边缘整齐，无毛刺。

检验方法：观察。

（4）木门窗与墙体间缝隙的填嵌材料应符合设计要求，填嵌应饱满。寒冷地区外门窗（或门窗框）与砌体间的空隙应填充保温材料。

检验方法：轻敲门窗框检查；检查隐蔽工程验收记录和施工记录。

（5）木门窗批水、盖口条、压缝条、密封条的安装应顺直，与门窗结合应牢固、严密。

检验方法：观察；手扳检查。

（6）木门窗制作的允许偏差和检验方法应符合表 6-6 的规定。

木门窗制作的允许偏差和检验方法　　　　　　　表 6-6

项次	项　　目	构件名称	允许偏差（mm）		检　验　方　法
			普通	高级	
1	翘　曲	框	3	2	将框、扇平放在检查平台上，用塞尺检查
		扇	2	2	
2	对角线长度差	框、扇	3	2	用钢尺检查，框量裁口里角，扇量外角
3	表面平整度	扇	2	2	用 1m 靠尺和塞尺检查
4	高度、宽度	框	0；-2	0；-1	用钢尺检查，框量裁口里角，扇量外角
		扇	+2；0	+1；0	
5	裁口、线条结合处高低差	框、扇	1	0.5	用钢直尺和塞尺检查
6	相邻棂子两端间距	扇	2	1	用钢直尺检查

（7）木门窗安装的留缝限值、允许偏差和检验方法应符合表 6-7 的规定。

木门窗安装的留缝限值、允许偏差和检验方法　　　　表 6-7

项次	项　　目		留缝限值（mm）		允许偏差（mm）		检　验　方　法
			普通	高级	普通	高级	
1	门窗槽口对角线长度差		—	—	3	2	用钢尺检查
2	门窗框的正、侧面垂直度		—	—	2	1	用 1m 垂直检测尺检查
3	框与扇、扇与扇接缝高低差		—	—	2	1	用钢直尺和塞尺检查
4	门窗扇对口缝		1~2.5	1.5~2	—	—	用塞尺检查
5	工业厂房双扇大门对口缝		2~5	—	—	—	
6	门窗扇与上框间留缝		1~2	1~1.5	—	—	
7	门窗扇与侧框间留缝		1~2.5	1~1.5	—	—	
8	窗扇与下框间留缝		2~3	2~2.5	—	—	
9	门扇与下框间留缝		3~5	3~4	—	—	
10	双层门窗内外框间距		—	—	4	3	用钢尺检查
11	无下框时门扇与地面间留缝	外门	4~7	5~6	—	—	用塞尺检查
		内门	5~8	6~7	—	—	
		卫生间门	8~12	8~10	—	—	
		厂房大门	10~20	—	—	—	

三、金属门窗安装工程

（一）主控项目

（1）金属门窗的品种、类型、规格、尺寸、性能、开启方向、安装位置、连接方式及铝合金门窗的型材壁厚应符合设计要求。金属门窗的防腐处理及填嵌、密封处理应符合设计要求。

检验方法：观察；尺量检查；检查产品合格证书、性能检测报告、进场验收记录和复验报告；检查隐蔽工程验收记录。

（2）金属门窗框和副框的安装必须牢固。预埋件的数量、位置、埋设方式、与框的连接方式必须符合设计要求。

检验方法：手扳检查；检查隐蔽工程验收记录。

（3）金属门窗扇必须安装牢固，并应开关灵活、关闭严密，无倒翘。推拉门窗扇必须有防脱落措施。

检验方法：观察；开启和关闭检查；手扳检查。

（4）金属门窗配件的型号、规格、数量应符合设计要求，安装应牢固，位置应正确，功能应满足使用要求。

检验方法：观察；开启和关闭检查；手扳检查。

（二）一般项目

（1）金属门窗表面应洁净、平整、光滑、色泽一致，无锈蚀。大面应无划痕、碰伤。漆膜或保护层应连续。

检验方法：观察。

（2）铝合金门窗推拉门窗扇开关力应不大于100N。

检验方法：用弹簧秤检查。

（3）金属门窗框与墙体之间的缝隙应填嵌饱满，并采用密封胶密封。密封胶表面应光滑、顺直，无裂纹。

检验方法：观察；轻敲门窗框检查；检查隐蔽工程验收记录。

（4）金属门窗扇的橡胶密封条或毛毡密封条应安装完好，不得脱槽。

检验方法：观察；开启和关闭检查。

（5）有排水孔的金属门窗，排水孔应畅通，位置和数量应符合设计要求。

检验方法：观察。

（6）钢门窗安装的留缝限值、允许偏差和检验方法应符合表6-8的规定。

钢门窗安装的留缝限值、允许偏差和检验方法　　　　表6-8

项次	项　　目		留缝限值（mm）	允许偏差（mm）	检　验　方　法
1	门窗槽口宽度、高度	≤1500mm	—	2.5	用钢尺检查
		>1500mm	—	3.5	
2	门窗槽口对角线长度差	≤2000mm	—	5	用钢尺检查
		>2000mm	—	6	
3	门窗框的正、侧面垂直度		—	3	用1m垂直检测尺检查

续表

项次	项　　目	留缝限值（mm）	允许偏差（mm）	检验方法
4	门窗横框的水平度	—	3	用1m水平尺和塞尺检查
5	门窗横框标高	—	5	用钢尺检查
6	门窗竖向偏离中心	—	4	用钢尺检查
7	双层门窗内外框间距	—	5	用钢尺检查
8	门窗框、扇配合间隙	≤2	—	用塞尺检查
9	无下框时门扇与地面间留缝	4～8	—	用塞尺检查

（7）铝合金门窗安装的允许偏差和检验方法应符合表6-9的规定。

铝合金门窗安装的允许偏差和检验方法　　　　表6-9

项次	项　　目		允许偏差（mm）	检验方法
1	门窗槽口宽度、高度	≤1500mm	1.5	用钢尺检查
		>1500mm	2	
2	门窗槽口对角线长度差	≤2000mm	3	用钢尺检查
		>2000mm	4	
3	门窗框的正、侧面垂直度		2.5	用垂直检测尺检查
4	门窗横框的水平度		2	用1m水平尺和塞尺检查
5	门窗横框标高		5	用钢尺检查
6	门窗竖向偏离中心		5	用钢尺检查
7	双层门窗内外框间距		4	用钢尺检查
8	推拉门窗扇与框搭接量		1.5	用钢直尺检查

四、塑料门窗安装工程

（一）主控项目

（1）塑料门窗的品种、类型、规格、尺寸、开启方向、安装位置、连接式及填嵌密封处理应符合设计要求，内衬增强型钢的壁厚及设置应符合国家现行产品标准的质量要求。

检验方法：观察；尺量检查；检查产品合格证书、性能检测报告、进场验收记录和复验报告；检查隐蔽工程验收记录。

（2）塑料门窗框、副框和扇的安装必须牢固。固定片或膨胀螺栓的数量与位置应正确，连接方式应符合设计要求。固定点应距窗角、中横框、中竖框150～200mm，固定点间距应不大于600mm。

检验方法：观察；手扳检查；检查隐蔽工程验收记录。

（3）塑料门窗拼樘料内衬增强型钢的规格、壁厚必须符合设计要求，型钢应与型材内腔紧密吻合，其两端必须与洞口固定牢固。窗框必须与拼樘料连接紧密，固定点间距应不大于600mm。

检验方法：观察；手扳检查；尺量检查；检查进场验收记录。

（4）塑料门窗扇应开关灵活、关闭严密，无倒翘。推拉门窗扇必须有防脱落措施。

检验方法：观察；开启和关闭检查；手扳检查。

(5) 塑料门窗配件的型号、规格、数量应符合设计要求,安装应牢固,位置应正确,功能应满足使用要求。

检验方法:观察;手扳检查;尺量检查。

(6) 塑料门窗框与墙体间缝隙应采用闭孔弹性材料填嵌饱满,表面应采用密封胶密封。密封胶应粘结牢固,表面应光滑、顺直、无裂纹。

检验方法:观察;检查隐蔽工程验收记录。

(二)一般项目

(1) 塑料门窗表面应洁净、平整、光滑,大面应无划痕、碰伤。

检验方法:观察。

(2) 塑料门窗扇的密封条不得脱槽。旋转窗间隙应基本均匀。

检验方法:观察。

(3) 塑料门窗扇的开关力应符合下列规定:

1) 平开门窗扇平铰链的开关力应不大于80N;滑撑铰链的开关力应不大于80N,并不小于30N。

2) 推拉门窗扇的开关力应不大于100N。

检验方法:观察;用弹簧秤检查。

(4) 玻璃密封条与玻璃及玻璃槽口的接缝应平整,不得卷边、脱槽。

检验方法:观察。

(5) 排水孔应畅通,位置和数量应符合设计要求。

检验方法:观察。

(6) 塑料门窗安装的允许偏差和检验方法应符合表6-10的规定。

塑料门窗安装的允许偏差和检验方法 表6-10

项次	项目		允许偏差(mm)	检验方法
1	门窗槽口宽度、高度	≤1500mm	2	用钢尺检查
		>1500mm	3	
2	门窗槽口对角线长度差	≤2000mm	3	用钢尺检查
		>2000mm	5	
3	门窗框的正、侧面垂直度		3	用1m垂直检测尺检查
4	门窗横框的水平度		3	用1m水平尺和塞尺检查
5	门窗横框标高		5	用钢尺检查
6	门窗竖向偏离中心		5	用钢直尺检查
7	双层门窗内外框间距		4	用钢尺检查
8	同樘平开门窗相邻扇高度差		2	用钢直尺检查
9	平开门窗铰链部位配合间隙		+2;-1	用塞尺检查
10	推拉门窗扇与框搭接量		+1.5;-2.5	用钢直尺检查
11	推拉门窗扇与竖框平行度		2	用1m水平尺和塞尺检查

第四节 吊 顶 工 程

一、一般规定

（一）吊顶工程验收时应检查下列文件和记录：
（1）吊顶工程的施工图、设计说明及其他设计文件。
（2）材料的产品合格证书、性能检测报告、进场验收记录和复验报告。
（3）隐蔽工程验收记录。
（4）施工记录。
（二）吊顶工程应对人造木板的甲醛含量进行复验。
（三）吊顶工程应对下列隐蔽工程项目进行验收：
（1）吊顶内管道、设备的安装及水管试压。
（2）木龙骨防火、防腐处理。
（3）预埋件或拉结筋。
（4）吊杆安装。
（5）龙骨安装。
（6）填充材料的设置。
（四）各分项工程的检验批应按下列规定划分：
同一品种的吊顶工程每 50 间（大面积房间和走廊按吊顶面积 30m² 为一间）应划分为一个检验批，不足 50 间也应划分为一个检验批。
（五）检查数量应符合下列规定：
每个检验批应至少抽查 10%，并不得少于 3 间；不足 3 间时应全数检查。
（六）安装龙骨前，应按设计要求对房间净高、洞口标高和吊顶内管道、设备及其支架的标高进行交接检验。
（七）吊顶工程的木吊杆、木龙骨和木饰面板必须进行防火处理，并应符合有关设计防火规范的规定。
（八）吊顶工程中的预埋件、钢筋吊杆和型钢吊杆应进行防锈处理。
（九）安装饰面板前应完成吊顶内管道和设备的调试及验收。
（十）吊杆距主龙骨端部距离不得大于 300mm，当大于 300mm 时，应增加吊杆。当吊杆长度大于 1.5m 时，应设置反支撑。当吊杆与设备相遇时，应调整并增设吊杆。
（十一）重型灯具、电扇及其他重型设备严禁安装在吊顶工程的龙骨上。

二、暗龙骨吊顶工程

（一）主控项目
（1）吊顶标高、尺寸、起拱和造型应符合设计要求。
检验方法：观察；尺量检查。
（2）饰面材料的材质、品种、规格、图案和颜色应符合设计要求。
检验方法：观察；检查产品合格证书、性能检测报告、进场验收记录和复验报告。
（3）暗龙骨吊顶工程的吊杆、龙骨和饰面材料的安装必须牢固。
检验方法：观察；手扳检查；检查隐蔽工程验收记录和施工记录。

(4) 吊杆、龙骨的材质、规格、安装间距及连接方式应符合设计要求。金属吊杆、龙骨应经过表面防腐处理；木吊杆、龙骨应进行防腐、防火处理。

检验方法：观察；尺量检查；检查产品合格证书、性能检测报告、进场验收记录和隐蔽工程验收记录。

(5) 石膏板的接缝应按其施工工艺标准进行板缝防裂处理。安装双层石膏板时，面层板与基层板的接缝应错开，并不得在同一根龙骨上接缝。

检验方法：观察。

(二) 一般项目

(1) 饰面材料表面应洁净、色泽一致，不得有翘曲、裂缝及缺损。压条应平直、宽窄一致。

检验方法：观察；尺量检查。

(2) 面板上的灯具、烟感器、喷淋头、风口篦子等设备的位置应合理、美观，与饰面板的交接应吻合、严密。

检验方法：观察。

(3) 金属吊杆、龙骨的接缝应均匀一致，角缝应吻合，表面应平整，无翘曲、锤印。木质吊杆、龙骨应顺直，无劈裂、变形。

检验方法：检查隐蔽工程验收记录和施工记录。

(4) 吊顶内填充吸声材料的品种和铺设厚度应符合设计要求，并应有防散落措施。

检验方法：检查隐蔽工程验收记录和施工记录。

(5) 暗龙骨吊顶工程安装的允许偏差和检验方法应符合表6-11的规定。

暗龙骨吊顶工程安装的允许偏差和检验方法　　　　　　表6-11

项次	项目	允许偏差（mm）				检验方法
		纸面石膏板	金属板	矿棉板	木板、塑料板	
1	表面平整度	3	2	2	2	用2m靠尺和塞尺检查
2	接缝直线度	3	1.5	3	3	拉5m线，不足5m拉通线，用钢直尺检查
3	接缝高低差	1	1	1.5	1	用钢直尺和塞尺检查

三、明龙骨吊顶工程

(一) 主控项目

(1) 吊顶标高、尺寸、起拱和造型应符合设计要求。

检验方法：观察；尺量检查。

(2) 饰面材料的材质、品种、规格、图案和颜色应符合设计要求。当饰面材料为玻璃板时，应使用安全玻璃或采取可靠的安全措施。

检验方法：观察；检查产品合格证书、性能检测报告和进场验收记录。

(3) 饰面材料的安装应稳固严密。饰面材料与龙骨的搭接宽度应大于龙骨受力面宽度的2/3。

检验方法：观察；手扳检查；尺量检查。

(4) 吊杆、龙骨的材质、规格、安装间距及连接方式应符合设计要求。金属吊杆、龙骨应进行表面防腐处理；木龙骨应进行防腐、防火处理。

检验方法：观察；尺量检查；检查产品合格证书、进场验收记录和隐蔽工程验收记录。

(5) 明龙骨吊顶工程的吊杆和龙骨安装必须牢固。

检验方法：手扳检查；检查隐蔽工程验收记录和施工记录。

(二) 一般项目

(1) 饰面材料表面应洁净、色泽一致，不得有翘曲、裂缝及缺损。饰面板与明龙骨的搭接应平整、吻合，压条应平直、宽窄一致。

检验方法：观察；尺量检查。

(2) 饰面板上的灯具、烟感器、喷淋头、风口篦子等设备的位置应合理、美观，与饰面板的交接应吻合、严密。

检验方法：观察。

(3) 金属龙骨的接缝应平整、吻合、颜色一致，不得有划伤、擦伤等表面缺陷。木质龙骨应平整、顺直，无劈裂。

检验方法：观察。

(4) 吊顶内填充吸声材料的品种和铺设厚度应符合设计要求，并应有防散落措施。

检验方法：检查隐蔽工程验收记录和施工记录。

(5) 明龙骨吊顶工程安装的允许偏差和检验方法应符合表 6-12 的规定。

明龙骨吊顶工程安装的允许偏差和检验方法　　　　表 6-12

项次	项 目	允 许 偏 差 (mm)				检 验 方 法
		石膏板	金属板	矿棉板	塑料板、玻璃板	
1	表面平整度	3	2	3	2	用 2m 靠尺和塞尺检查
2	接缝直线度	3	2	3	3	拉 5m 线，不足 5m 拉通线，用钢直尺检查
3	接缝高低差	1	1	2	1	用钢直尺和塞尺检查

第五节　饰面板(砖)工程

一、一般规定

(一) 饰面板(砖)工程验收时应检查下列文件和记录：

(1) 饰面板(砖)工程的施工图、设计说明及其他设计文件。

(2) 材料的产品合格证书、性能检测报告、进场验收记录和复验报告。

(3) 后置埋件的现场拉拔检测报告。

(4) 外墙饰面砖样板件的粘结强度检测报告。

(5) 隐蔽工程验收记录。

(6) 施工记录。

(二) 饰面板(砖)工程应对下列材料及其性能指标进行复验。

(1) 室内用花岗石的放射性。

(2) 粘贴用水泥的凝结时间、安定性和抗压强度。
(3) 外墙陶瓷面砖的吸水率。
(4) 寒冷地区外墙陶瓷面砖的抗冻性。
(三) 饰面板（砖）工程应对下列隐蔽工程项目进行验收：
(1) 预埋件（或后置埋件）。
(2) 连接节点。
(3) 防水层。
(四) 各分项工程的检验批应按下列规定划分：
(1) 相同材料、工艺和施工条件的室内饰面板（砖）工程每 50 间（大面积房间和走廊按施工面积 30m^2 为一间）应划分为一个检验批，不足 50 间也应划分为一个检验批。
(2) 相同材料、工艺和施工条件的室外饰面板（砖）工程每 500～1000m^2 应划分为一个检验批，不足 500m^2 也应划分为一个检验批。
(五) 检查数量应符合下列规定：
(1) 室内每个检验批应至少抽查 10%，并不得少于 3 间；不足 3 间时应全数检查。
(2) 室外每个检验批每 100m^2 应至少抽查一处，每处不得小于 10m^2。
(六) 外墙饰面砖粘贴前和施工过程中，均应在相同基层上做样板件，并对样板件的饰面砖粘结强度进行检验，其检验方法和结果判定应符合《建筑工程饰面砖粘结强度检验标准》(JGJ 110) 的规定。
(七) 饰面板（砖）工程的抗震缝、伸缩缝、沉降缝等部位的处理应保证缝的使用功能和饰面的完整性。

二、饰面板安装工程

(一) 主控项目

(1) 饰面板的品种、规格、颜色和性能应符合设计要求，木龙骨、木饰面板和塑料饰面板的燃烧性能等级应符合设计要求。

检验方法：观察；检查产品合格证书、进场验收记录和性能检测报告。

(2) 饰面板孔、槽的数量、位置和尺寸应符合设计要求。

检验方法：检查进场验收记录和施工记录。

(3) 饰面板安装工程的预埋件（或后置埋件）、连接件的数量、规格、位置、连接方法和防腐处理必须符合设计要求。后置埋件的现场拉拔强度必须符合设计要求。饰面板安装必须牢固。

检验方法：手扳检查；检查进场验收记录、现场拉拔检测报告；隐蔽工程验收记录和施工记录。

(二) 一般项目

(1) 饰面板表面应平整、洁净、色泽一致，无裂痕和缺损。石材表面应无泛碱等污染。

检验方法：观察。

(2) 饰面板嵌缝应密实、平直，宽度和深度应符合设计要求，嵌填材料色泽应一致。

检验方法：观察；尺量检查。

(3) 采用湿作业法施工的饰面板工程，石材应进行防碱背涂处理。饰面板与基体之间的灌注材料应饱满、密实。

检验方法：用小锤轻击检查；检查施工记录。

（4）饰面板上的孔洞应套割吻合，边缘应整齐。

检验方法：观察。

（5）饰面板安装的允许偏差和检验方法应符合表6-13的规定。

饰面板安装的允许偏差和检验方法　　　　表6-13

项次	项　目	允许偏差（mm）							检　验　方　法
		石材			瓷砖	木材	塑料	金属	
		光面	剁斧石	蘑菇石					
1	立面垂直度	2	3	3	2	1.5	2	2	用2m垂直检测尺检查
2	表面平整度	2	3	—	1.5	1	3	3	用2m靠尺和塞尺检查
3	阴阳角方正	2	4	4	2	1.5	3	3	用直角检测尺检查
4	接缝直线度	2	4	4	2	1	1	1	拉5m线，不足5m拉通线，用钢直尺检查
5	墙裙、勒脚上口直线度	2	3	3	2	2	2	2	拉5m线，不足5m拉通线，用钢直尺检查
6	接缝高低差	0.5	3	—	0.5	0.5	—	—	用钢直尺和塞尺检查
7	接缝宽度	1	2	2	1	1	1	1	用钢直尺检查

三、饰面砖粘贴工程

（一）主控项目

（1）饰面砖的品种、规格、图案、颜色和性能应符合设计要求。

检验方法：观察；检查产品合格证书、进场验收记录、性能检测报告和复验报告。

（2）饰面砖粘贴工程的找平、防水、粘结和勾缝材料及施工方法应符合设计要求及国家现行产品标准和工程技术标准的规定。

检验方法：检查产品合格证书、复验报告和隐蔽工程验收记录。

（3）饰面砖粘贴必须牢固。

检验方法：检查样板件粘结强度检测报告和施工记录。

（4）满粘法施工的饰面砖工程应无空鼓、裂缝。

检验方法：观察，用小锤轻击检查。

（二）一般项目

（1）饰面砖表面应平整、洁净、色泽一致，无裂痕和缺损。

检验方法：观察。

（2）阴阳角处搭接方式、非整砖使用部位应符合设计要求。

检验方法：观察。

（3）墙面突出物周围的饰面砖应整砖套割吻合，边缘应整齐。墙裙、贴脸突出墙面的厚度应一致。

检验方法：观察，尺量检查。

（4）饰面砖接缝应平直、光滑，填嵌应连续、密实；宽度和深度应符合设计要求。

检验方法：观察，尺量检查。

(5) 有排水要求的部位应做滴水线（槽）。滴水线（槽）应顺直，流水坡向应正确，坡度应符合设计要求。

检验方法：观察，用水平尺检查。

(6) 饰面砖粘贴的允许偏差和检验方法应符合表 6-14 的规定。

饰面砖粘贴的允许偏差和检验方法　　　　　表 6-14

项次	项　目	允许偏差（mm）		检　验　方　法
		外墙面砖	内墙面砖	
1	立面垂直度	3	2	用 2m 垂直检测尺检查
2	表面平整度	4	3	用 2m 靠尺和塞尺检查
3	阴阳角方正	3	3	用直角检测尺检查
4	接缝直线度	3	2	拉 5m 线，不足 5m 拉通线，用钢直尺检查
5	接缝高低差	1	0.5	用钢直尺和塞尺检查
6	接缝宽度	1	1	用钢直尺检查

第六节　涂　饰　工　程

一、一般规定

（一）涂饰工程验收时应检查下列文件和记录：

(1) 涂饰工程的施工图、设计说明及其他设计文件。

(2) 材料的产品合格证书、性能检测报告和进场验收记录。

(3) 施工记录。

（二）各分项工程的检验批应按下列规定划分：

(1) 室外涂饰工程每一栋楼的同类涂料涂饰的墙面每 500～1000m² 应划分为一个检验批，不足 500m² 也应划分为一个检验批。

(2) 室内涂饰工程同类涂料涂饰的墙面每 50 间（大面积房间和走廊按涂饰面积 30m² 为一间）应划分为一个检验批，不足 50 间也应划分为一个检验批。

（三）检查数量应符合下列规定：

(1) 室外涂饰工程每 100m² 应至少检查一处，每处不得小于 10m²。

(2) 室内涂饰工程每个检验批应至少抽查 10%，并不得少于 3 间；不足 3 间时应全数检查。

（四）涂饰工程的基层处理应符合下列要求：

(1) 新建筑物的混凝土或抹灰基层在涂饰涂料前应涂刷抗碱封闭底漆。

(2) 旧墙面在涂饰涂料前应清除疏松的旧装修层，并涂刷界面剂。

(3) 混凝土或抹灰基层涂刷溶剂型涂料时，含水率不得大于 8%；涂刷乳液型涂料时，含水率不得大于 10%。木材基层的含水率不得大于 12%。

(4) 基层腻子应平整、坚实、牢固，无粉化、起皮和裂缝；内墙腻子的粘结强度应符合《建筑室内用腻子》（JG/T 3049）的规定。

(5) 厨房、卫生间墙面必须使用耐水腻子。

（五）水性涂料涂饰工程施工的环境温度应在 5～35℃之间。

（六）涂饰工程应在涂层养护期满后进行质量验收。

二、水性涂料涂饰工程

（一）主控项目

（1）水性涂料涂饰工程所用涂料的品种、型号和性能应符合设计要求。

检验方法：检查产品合格证书、性能检测报告和进场验收记录。

（2）水性涂料涂饰工程的颜色、图案应符合设计要求。

检验方法：观察。

（3）水性涂料涂饰工程应涂饰均匀、粘结牢固，不得漏涂、透底、起皮和掉粉。

检验方法：观察；手摸检查。

（4）水性涂料涂饰工程的基层处理应符合一般规定第（四）条的要求。

检验方法：观察，手摸检查，检查施工记录。

（二）一般规定

（1）薄涂料的涂饰质量和检验方法应符合表 6-15 的规定。

薄涂料的涂饰质量和检验方法　　　　表 6-15

项次	项　目	普通涂饰	高级涂饰	检　验　方　法
1	颜色	均匀一致	均匀一致	观　察
2	泛碱、咬色	允许少量轻微	不允许	
3	流坠、疙瘩	允许少量轻微	不允许	
4	砂眼、刷纹	允许少量轻微砂眼，刷纹通顺	无砂眼、无刷纹	
5	装饰线、分色线直线度允许偏差	2（mm）	1（mm）	拉 5m 线，不足 5m 拉通线，用钢直尺检查

（2）厚涂料的涂饰质量和检验方法应符合表 6-16 的规定。

厚涂料的涂饰质量和检验方法　　　　表 6-16

项次	项　目	普通涂饰	高级涂饰	检　验　方　法
1	颜　色	均匀一致	均匀一致	观　察
2	泛碱、咬色	允许少量轻微	不允许	
3	点状分布	—	疏密均匀	

（3）复层涂料的涂饰质量和检验方法应符合表 6-17 的规定。

（4）涂层与其他装修材料和设备衔接处应吻合，界面应清晰。

检验方法：观察。

三、溶剂型涂料涂饰工程

（一）主控项目

（1）溶剂型涂料涂饰工程所选用涂料的品种、型号和性能应符合设计要求。

检验方法：检查产品合格证书、性

复层涂料的涂饰质量和检验方法　　表 6-17

项次	项　目	质量要求	检验方法
1	颜　色	均匀一致	观　察
2	泛碱、咬色	不允许	
3	喷点疏密程度	均匀、不允许连片	

能检测报告和进场验收记录。

(2) 溶剂型涂料涂饰工程的颜色、光泽、图案应符合设计要求。

检验方法：观察。

(3) 溶剂型涂料涂饰工程应涂饰均匀、粘结牢固，不得漏涂、透底、起皮、反锈。

检验方法：观察，手摸检查。

(4) 溶剂型涂料涂饰工程的基层处理应符合一般规定第（四）条的要求。

检验方法：观察，手摸检查，检查施工记录。

(二) 一般项目

(1) 色漆的涂饰质量和检验方法应符合表 6-18 的规定。

色漆的涂饰质量和检验方法 表 6-18

项次	项 目	普通涂饰	高级涂饰	检验方法
1	颜色	均匀一致	均匀一致	观察
2	光泽、光滑	光泽基本均匀光滑无挡手感	光泽均匀一致光滑	观察、手摸检查
3	刷纹	刷纹通顺	无刷纹	观察
4	裹棱、流坠、皱皮	明显处不允许	不允许	观察
5	装饰线、分色线直线度允许偏差（mm）	2	1	拉 5m 线，不足 5m 拉通线，用钢直尺检查

注：无光色漆不检查光泽。

(2) 清漆的涂饰质量和检验方法应符合表 6-19 的规定。

清漆的涂饰质量和检验方法 表 6-19

项次	项 目	普通涂饰	高级涂饰	检验方法
1	颜色	基本一致	均匀一致	观察
2	木纹	棕眼刮平、木纹清楚	棕眼刮平、木纹清楚	观察
3	光泽、光滑	光泽基本均匀光滑无挡手感	光泽均匀一致、光滑	观察、手摸检查
4	刷纹	无刷纹	无刷纹	观察
5	裹棱、流坠、皱皮	明显处不允许	不允许	观察

(3) 涂层与其他装修材料和设备衔接处应吻合，界面应清晰。

检验方法：观察。

复 习 思 考 题

1. 建筑地面工程施工质量检验应符合哪些基本规定？
2. 试述水磨石面层质量验收主控项目的内容及相应的质量标准。
3. 试述大理石和花岗石面层质量验收主控项目的内容及相应的质量标准。
4. 试述实木地板面层质量验收主控项目的内容及相应的质量标准。
5. 抹灰工程验收时应检查哪些文件和记录？
6. 试述一般抹灰和装饰抹灰质量验收主控项目的内容及相应的质量标准。
7. 门窗工程验收时应检查哪些文件和记录？

8. 门窗安装工程中需对哪些项目做隐蔽工程验收？
9. 建筑外墙金属窗、塑料窗的哪些性能指标须复验？
10. 试述吊顶工程隐蔽验收的内容。
11. 试述饰面板安装工程主控项目的内容及相应的质量标准。
12. 试述涂饰工程（水性涂料与溶剂型涂料）主控项目的内容及相应的质量标准。

第七章 屋面工程施工质量验收

本章适用于工业与民用建筑屋面工程施工质量的验收，包括基本规定、卷材防水屋面工程、涂膜防水屋面工程、刚性防水屋面工程、细部构造和分部工程验收等内容，同时与《建筑工程施工质量验收统一标准》配套使用。

第一节 基 本 规 定

（1）屋面工程应根据建筑物的性质、重要程度、使用功能要求正确选择防水方案和防水材料。

（2）屋面工程施工前，施工单位应进行图纸会审，并应编制屋面工程施工方案或技术措施。

（3）屋面工程施工时，应建立各道工序的自检、交接检和专职人员检查的"三检"制度，并有完整的检查记录。每道工序完成，应经监理单位（或建设单位）检查验收，合格后方可进行下道工序的施工。

（4）屋面工程的防水层应由经资质审查合格的防水专业队伍进行施工。

（5）屋面工程所采用的防水、保温隔热材料应有产品合格证书和性能检测报告，材料的品种、规格、性能等应符合现行国家产品标准和设计要求。

（6）当下道工序或相邻工程施工时，对屋面已完成的部分应采取保护措施。

（7）屋面工程完工后，应按规范规定对细部构造接缝、保护层等进行外观检查，并应进行淋水或蓄水检验避免渗漏隐患。

第二节 卷材防水屋面工程

本节适用于防水层基层采用水泥砂浆、细石混凝土或沥青砂浆的整体找平层。

一、屋面找平层

（一）一般规定

（1）找平层的厚度和技术要求应符合表7-1的规定。

（2）找平层的基层采用装配式钢筋混凝土板时，应符合下列规定：

1）板端、侧缝应用细石混凝土灌缝，其强度等级不应低于C20；

2）板缝宽度大于40mm或上窄下宽时，板缝内应设置构造钢筋；

3）板端缝应进行密封处理。

（3）找平层的排水坡度应符合设计要求。平屋面采用结构找坡不应小于3%，采用材料找坡宜为2%；天沟、檐沟纵向找坡不应小于1%，沟底水落差不得超过200mm。

（4）基层与突出屋面结构（女儿墙、山墙、天窗壁、变形缝、烟囱等）的交接处和基层的转角处，找平层均应做成圆弧形，圆弧半径应符合表7-2的要求。内部排水的水落口周围，找平层应做成略低的凹坑。

（5）找平层宜设分格缝，并嵌填密封材料。分格缝应留设在板端缝处，其纵横缝的最大间距：水泥砂浆或细石混凝土找平层，不宜大于6m；沥青砂浆找平层，不宜大于4m。

找平层的厚度和技术要求　　　　　　　表7-1

类　别	基层种类	厚度（mm）	技术要求
水泥砂浆找平层	整体混凝土	15~20	1:2.5~1:3（水泥:砂）体积比，水泥强度等级不低于32.5级
	整体或板状材料保温层	20~25	
	装配式混凝土板，松散材料保温层	20~30	
细石混凝土找平层	松散材料保温层	30~35	混凝土强度等级不低于C20
沥青砂浆找平层	整体混凝土	15~20	1:8（沥青:砂）质量比
	装配式混凝土板，整体或板状材料保温层	20~25	

转角处圆弧半径　　　　　　　表7-2

卷材种类	圆弧半径（mm）	卷材种类	圆弧半径（mm）
沥青防水卷材	100~150	合成高分子防水卷材	20
高聚物改性沥青防水卷材	50		

（二）主控项目

（1）找平层的材料质量及配合比，必须符合设计要求。

检验方法：检查出厂合格证、质量检验报告和计量措施。

（2）屋面（含天沟、檐沟）找平层的排水坡度，必须符合设计要求。

检验方法：用水平仪（水平尺）、拉线和尺量检查。

（三）一般项目

（1）基层与突出屋面结构的交接处和基层的转角处，均应做成圆弧形，且整齐平顺。

检验方法：观察和尺量检查。

（2）水泥砂浆、细石混凝土找平层应平整、压光，不得有酥松、起砂、起皮现象；沥青砂浆找平层不得有拌合不匀、蜂窝现象。

检验方法：观察检查。

（3）找平层分格缝的位置和间距应符合设计要求。

检验方法：观察和尺量检查。

（4）找平层表面平整度的允许偏差为5mm。

检验方法：用2m靠尺和楔形塞尺检查。

二、保温层

适用于松散、板状材料或整体现浇（喷）保温层。

（一）一般规定

（1）保温层应干燥，封闭式保温层的含水率应相当于该材料在当地自然风干状态下的平衡含水率。

（2）屋面保温层干燥有困难时，应采用排汽措施。

(3) 倒置式屋面应采用吸水率小、长期浸水不腐烂的保温材料。保温层上应用混凝土等块材、水泥砂浆或卵石做保护层；卵石保护层与保温层之间，应干铺一层无纺聚酯纤维布做隔离层。

(4) 松散材料保温层施工应符合下列规定：

1) 铺设松散材料保温层的基层应平整、干燥和干净；

2) 保温层含水率应符合设计要求；

3) 松散保温材料应分层铺设并压实，压实的程度与厚度应经试验确定；

4) 保温层施工完成后，应及时进行找平层和防水层的施工；雨期施工时，保温层应采取遮盖措施。

(5) 板状材料保温层施工应符合下列规定：

1) 板状材料保温层的基层应平整、干燥和干净；

2) 板状保温材料应紧靠在需保温的基层表面上，并应铺平垫稳；

3) 分层铺设的板块上下层接缝应相互错开；板间缝隙应采用同类材料嵌填密实；

4) 粘贴的板状保温材料应贴严、粘牢。

(6) 整体现浇（喷）保温层施工应符合下列规定：

1) 沥青膨胀蛭石、沥青膨胀珍珠岩宜用机械搅拌，并应色泽一致，无沥青团。压实程度根据试验确定，其厚度应符合设计要求，表面应平整。

2) 硬质聚氨酯泡沫塑料应按配比准确计量，发泡厚度均匀一致。

(二) 主控项目

(1) 保温材料的堆积密度或表观密度、导热系数以及板材的强度、吸水率，必须符合设计要求。

检验方法：检查出厂合格证、质量检验报告和现场抽样复验报告。

(2) 保温层的含水率必须符合设计要求。

检验方法：检查现场抽样检验报告。

(三) 一般项目

(1) 保温层的铺设应符合下列要求：

1) 松散保温材料：分层铺设，压实适当，表面平整，找坡正确；

2) 板状保温材料：紧贴（靠）基层，铺平垫稳，拼缝严密，找坡正确；

3) 整体现浇保温层：拌合均匀，分层铺设，压实适当，表面平整，找坡正确。

检验方法：观察检查。

(2) 保温层厚度的允许偏差：松散保温材料和整体现浇保温层为 -5%～+10%；板状保温材料为 ±5%，且不得大于 4mm。

检验方法：用钢针插入和尺量检查。

(3) 当倒置式屋面保护层采用卵石铺压时，卵石应分布均匀，卵石的质（重）量应符合设计要求。

检验方法：观察检查和按堆积密度计算其质（重）量。

三、卷材防水层

(一) 一般规定

(1) 卷材防水层应采用高聚物改性沥青防水卷材、合成高分子防水卷材或沥青防水卷材。所选用的基层处理剂、接缝胶粘剂、密封材料等配套材料应与铺贴的卷材材性相容。

（2）在坡度大于25%的屋面上采用卷材作防水层时，应采取固定措施。固定点应密封严密。

（3）铺设屋面隔汽层和防水层前，基层必须干净、干燥。干燥程度的简易检验方法，是将$1m^2$卷材平坦地干铺在找平层上，静置3~4h后掀开检查，找平层覆盖部位与卷材上未见水印即可铺设。

（4）卷材铺贴方向应符合下列规定：

1）屋面坡度小于3%时，卷材宜平行屋脊铺贴；

2）屋面坡度在3%~15%时，卷材可平行或垂直屋脊铺；

3）屋面坡度大于15%或屋面受振动时，沥青防水卷材应垂直屋脊铺贴，高聚物改性沥青防水卷材和合成高分子防水卷材可平行或垂直屋脊铺贴；

4）上下层卷材不得相互垂直铺贴。

（5）卷材厚度选用应符合表7-3的规定。

卷材厚度选用表　　　　　　　　　　　　　　　表7-3

屋面防水等级	设防道数	合成高分子防水卷材	高聚物改性沥青防水卷材	沥青防水卷材
Ⅰ级	三道或三道以上设防	不应小1.5mm	不应小于3mm	—
Ⅱ级	二道设防	不应小于1.2mm	不应小于3mm	—
Ⅲ级	一道设防	不应小于1.2mm	不应小于4mm	三毡四油
Ⅳ级	一道设防	—	—	二毡三油

（6）铺贴卷材采用搭接法时，上下层及相邻两幅卷材的搭接缝应错开。各种卷材搭接宽度应符合表7-4的要求。

卷材搭接宽度（单位：mm）　　　　　　　　　　　表7-4

卷材种类	铺贴方法	短边搭接		长边搭接	
		满粘法	空铺、点粘、条粘法	满粘法	空铺、点粘、条粘法
沥青防水卷材		100	150	70	100
高聚物改性沥青防水卷材		80	100	80	100
合成高分子防水卷材	胶粘剂	80	100	80	100
	胶粘带	50	60	50	60
	单缝焊	60，有效焊接宽度不小于25			
	双缝焊	80，有效焊接宽度10×2+空腔宽			

（7）冷粘法铺贴卷材应符合下列规定：

1）胶粘剂涂刷应均匀，不露底，不堆积；

2）根据胶粘剂的性能，应控制胶粘剂涂刷与卷材铺贴的间隔时间；

3）铺贴的卷材下面的空气应排尽，并辊压粘结牢固；

4）铺贴卷材应平整顺直，搭接尺寸准确，不得扭曲、皱折；

5）接缝口应用密封材料封严，宽度不应小于10mm。

（8）热熔法铺贴卷材应符合下列规定：
1）火焰加热器加热卷材应均匀，不得过分加热或烧穿卷材；厚度小于3mm的高聚物改性沥青防水卷材严禁采用热熔法施工；
2）卷材表面热熔后应立即滚铺卷材，卷材下面的空气应排尽，并辊压粘结牢固，不得空鼓；
3）卷材接缝部位必须溢出热熔的改性沥青胶；
4）铺贴的卷材应平整顺直，搭接尺寸准确，不得扭曲、皱折。
（9）自粘法铺贴卷材应符合下列规定：
1）铺贴卷材前基层表面应均匀涂刷基层处理剂，干燥后应及时铺贴卷材；
2）铺贴卷材时，应将自粘胶底面的隔离纸全部撕净；
3）卷材下面的空气应排尽，并辊压粘结牢固；
4）铺贴的卷材应平整顺直，搭接尺寸准确，不得扭曲皱折。搭接部位宜采用热风加热，随即粘贴牢固；
5）接缝口应用密封材料封严，宽度不应小于10mm。
（10）卷材热风焊接施工应符合下列规定：
1）焊接前卷材的铺设应平整顺直，搭接尺寸准确，不得扭曲、皱折；
2）卷材的焊接面应清扫干净，无水滴、油污及附着物；
3）焊接时应先焊长边搭接缝，后焊短边搭接缝；
4）控制热风加热温度和时间，焊接处不得有漏焊、跳焊、焊焦或焊接不牢现象；
5）焊接时不得损害非焊接部位的卷材。
（11）沥青玛琋脂的配制和使用应符合下列规定：
1）配制沥青玛琋脂的配合比应视使用条件、坡度和当地历年极端最高气温，并根据所用的材料经试验确定，施工中应按确定的配合比严格配料，每工作班应检查软化点和柔韧性；
2）热沥青玛琋脂的加热温度不应高于240℃，使用温度不应低于190℃；
3）冷沥青玛琋脂使用时应搅匀，稠度太大时可加少量溶剂稀释搅匀；
4）沥青玛琋脂应涂刮均匀，不得过厚或堆积。
粘结层厚度：热沥青玛琋脂宜为1~1.5mm，冷沥青玛琋脂宜为0.5~1mm。
面层厚度：热沥青玛琋脂宜为2~3mm，冷沥青玛琋脂宜为1~1.5mm。
（12）天沟、檐沟、檐口、泛水和立面卷材收头的端部应裁齐，塞入预留凹槽内，用金属压条钉压固定，最大钉距不应大于900mm，并用密封材料嵌填封严。
（13）卷材防水层完工并经验收合格后，应做好成品保护。保护层的施工应符合下列规定：
1）绿豆砂应清洁、预热、铺撒均匀，并使其与沥青玛琋脂粘结牢固，不得残留未粘结的绿豆砂；
2）云母或蛭石保护层不得有粉料，撒铺应均匀，不得露底，多余的云母或蛭石应清除；
3）水泥砂浆保护层的表面应抹平压光，并设表面分格缝，分格面积宜为1m²；
4）块体材料保护层应留设分格缝，分格面积不宜大于100m²，分格缝宽度不宜小于

20mm；

5）细石混凝土保护层的混凝土应密实，表面抹平压光，并留设分格缝，分格面积不大于36m²；

6）浅色涂料保护层应与卷材粘结牢固，厚薄均匀，不得漏涂；

7）水泥砂浆、块材或细石混凝土保护层与防水层之间应设置隔离层；

8）刚性保护层与女儿墙、山墙之间应预留宽度为30mm的缝隙，并用密封材料嵌填严密。

（二）主控项目

（1）卷材防水层所用卷材及其配套材料，必须符合设计要求。

检验方法：检查出厂合格证、质量检验报告和现场抽样复验报告。

（2）卷材防水层不得有渗漏或积水现象。

检验方法：雨后或淋水、蓄水检验。

（3）卷材防水层在天沟、檐沟、檐口、水落口、泛水、变形缝和伸出屋面管道的防水构造，必须符合设计要求。

检验方法：观察检查和检查隐蔽工程验收记录。

（三）一般项目

（1）卷材防水层的搭接缝应粘（焊）结牢固，密封严密，不得有皱折、翘边和鼓泡等缺陷；防水层的收头应与基层粘结并固定牢固，缝口封严，不得翘边。

检验方法：观察检查。

（2）卷材防水层上的撒布材料和浅色涂料保护层应铺撒或涂刷均匀，粘结牢固；水泥砂浆、块材或细石混凝土保护层与卷材防水层间应设置隔离层；刚性保护层的分格缝留置应符合设计要求。

试验方法：观察检查。

（3）排汽屋面的排汽道应纵横贯通，不得堵塞。排汽管应安装牢固，位置正确，封闭严密。

检验方法：观察检查。

（4）卷材的铺贴方向应正确，卷材搭接宽度的允许偏差为0～10mm。

检验方法：观察和尺量检查。

第三节 涂膜防水屋面工程

涂膜防水屋面找平层、保温层应符合第一节的规定，并适用于防水等级为Ⅰ～Ⅳ级屋面防水。防水涂料应采用高聚物改性沥青防水涂料、合成高分子防水涂料。

一、一般规定

（1）防水涂膜施工应符合下列规定：

1）涂膜应根据防水涂料的品种分层分遍涂布，不得一次涂成。

2）应待先涂的涂层干燥成膜后，方可涂后一遍涂料。

3）需铺设胎体增强材料时，屋面坡度小于15%时可平行屋脊铺设，屋面坡度大于15%时应垂直于屋脊铺设。

4）胎体长边搭接宽度不应小于50mm，短边搭接宽度不应小于70mm。

5）采用二层胎体增强材料时，上下层不得相互垂直铺设，搭接缝应错开，其间距不应小于幅宽的1/30。

（2）涂膜厚度选用应符合表7-5的规定。

（3）屋面基层的干燥程度应视所用涂料特性确定。当采用溶剂型涂料时，屋面基层应干燥。

（4）多组分涂料应按配合比准确计量，搅拌均匀，并应根据有效时间确定使用量。

（5）天沟、檐沟、檐口、泛水和立面涂膜防水层的收头，应用防水涂料多遍涂刷或用密封材料封严。

涂膜厚度选用表　　　　　　　　　　表7-5

屋面防水等级	设防道数	高聚物改性沥青防水涂料	合成高分子防水涂料	屋面防水等级	设防道数	高聚物改性沥青防水涂料	合成高分子防水涂料
Ⅰ级	三道或三道以上设防	—	不应小于1.5mm	Ⅲ级	一道设防	不应小于3mm	不应小于2mm
Ⅱ级	二道设防	不应小于3mm	不应小于1.5mm	Ⅳ级	一道设防	不应小于2mm	—

（6）涂膜防水层完工并经验收合格后，应做好成品保护。保护层的施工应符合本章第二节卷材防水层一般规定中第13条的规定。

二、主控项目

（1）防水涂料和胎体增强材料必须符合设计要求。

检验方法：检查出厂合格证、质量检验报告和现场抽样复验报告。

（2）涂膜防水层不得有渗漏或积水现象。

检验方法：雨后或淋水、蓄水检验。

（3）涂膜防水层在天沟、檐沟、檐口、水落口、泛水、变形缝和伸出屋面管道的防水构造，必须符合设计要求。

检验方法：观察检查和检查隐蔽工程验收记录。

三、一般项目

（1）涂膜防水层的平均厚度应符合设计要求，最小厚度不应小于设计厚度的80%。

检验方法：针测法或取样量测。

（2）涂膜防水层与基层应粘结牢固，表面平整，涂刷均匀，无流淌、皱折、鼓泡、露胎体和翘边等缺陷。

检验方法：观察检查。

（3）涂膜防水层上的撒布材料或浅色涂料保护层应铺撒或涂刷均匀，粘结牢固；水泥砂浆、块材或细石混凝土保护层与涂膜防水层间应设置隔离层；刚性保护层的分格缝留置应符合设计要求。

检验方法：观察检查。

第四节　刚性防水屋面工程

本节适用于防水等级为Ⅰ～Ⅲ级的屋面防水，不适用于设有松散材料保温层的屋面以及受较大振动或冲击的和坡度大于15%的建筑屋面。细石混凝土不得使用火山灰水泥；当采用矿渣硅酸盐水泥时，应采用减少泌水性的措施。粗骨料含泥量不应大于1%，细骨料含泥量不应大于2%。

混凝土水灰比不应大于0.55，每立方米混凝土水泥用量不得少于330kg，含砂率宜为35%~40%，灰砂比宜为1:2~1:2.5，混凝土强度等级不应低于C20。混凝土中掺加膨胀剂、减水剂、防水剂等外加剂时，应按配合比准确计量，投料顺序得当，并应用机械搅拌，机械振捣。细石混凝土防水层的分格缝，应设在屋面板的支承端、屋面转折处、防水层与突出屋面结构的交接处，其纵横间距不宜大于6m。分格缝内应嵌填密封材料。细石混凝土防水层的厚度不应小于40mm，并应配置双向钢筋网片。钢筋网片在分格缝处应断开，其保护层厚度不应小于10mm。细石混凝土防水层与立墙及突出屋面结构等交接处，均应做柔性密封处理，细石混凝土防水层与基层间宜设置隔离层。

一、细石混凝土防水层

（一）主控项目

（1）细石混凝土的原材料及配合比必须符合设计要求。

检验方法：检查出厂合格证、质量检验报告、计量措施和现场抽样复验报告。

（2）细石混凝土防水层不得有渗漏或积水现象。

检验方法：雨后或淋水、蓄水检验。

（3）细石混凝土防水层在天沟、檐沟、檐口、水落口、泛水、变形缝和伸出屋面管道的防水构造，必须符合设计要求。

检验方法：观察检查和检查隐蔽工程验收记录。

（二）一般项目

（1）细石混凝土防水层应表面平整、压实抹光，不得有裂缝、起壳、起砂等缺陷。

检验方法：观察检查。

（2）细石混凝土防水层的厚度和钢筋位置应符合设计要求。

检验方法：观察和尺量检查。

（3）细石混凝土分格缝的位置和间距应符合设计要求。

检验方法：观察和尺量检查。

（4）细石混凝土防水层表面平整度的允许偏差为5mm。

检验方法：用2m靠尺和楔形塞尺检查。

二、密封材料嵌缝

适用于刚性防水屋面分格缝以及天沟、檐沟、泛水、变形缝等细部构造的密封处理。

（1）密封防水部位的基层质量应符合下列要求：

1）基层应牢固，表面应平整、密实，不得有蜂窝、麻面、起皮和起砂现象。

2）嵌填密封材料的基层应干净、干燥。

（2）密封防水处理连接部位的基层，应涂刷与密封材料相配套的基层处理剂。基层处理剂应配比准确、搅拌均匀。采用多组分基层处理剂时，应根据有效时间确定使用量。

（3）接缝处的密封材料底部应填放背衬材料，外露的密封材料上应设置保护层，其宽度不应小于200mm。

(4)密封材料嵌填完成后不得碰损及污染,固化前不得踩踏。
（一）主控项目
(1)密封材料的质量必须符合设计要求。
检验方法：检查产品出厂合格证、配合比和现场抽样复验报告。
(2)密封材料嵌填必须密实、连续、饱满,粘结牢固,无气泡、开裂、脱落等缺陷。
检验方法：观察检查。
（二）一般项目
(1)嵌填密封材料的基层应牢固、干净、干燥,表面应平整、密实。
检验方法：观察检查。
(2)密封防水接缝宽度的允许偏差为±10%,接缝深度为宽度的0.5~0.7倍。
检验方法：尺量检查。
(3)嵌填的密封材料表面应平滑,缝边应顺直,无凹凸不平现象。
检验方法：观察检查。

第五节 细 部 构 造

本节适用于屋面的天沟、檐沟、檐口、泛水、水落口、变形缝、伸出屋面管道等防水构造。

一、一般规定

(1)用于细部构造处理的防水卷材、防水涂料和密封材料的质量,均应符合本章有关规定的要求。

(2)卷材或涂膜防水层在天沟、檐沟与屋面交接处、泛水、阴阳角等部位,应增加卷材或涂膜附加层。

(3)天沟、檐沟、泛水、水落口、变形缝、伸出屋面管道等部位的防水构造应符合下列要求：

1)沟内附加层在天沟、檐沟与屋面交接处宜空铺,空铺的宽度不应小于200mm。

2)卷材防水层应由沟底翻上至沟外檐顶部,卷材收头应用水泥钉固定,并用密封材料封严。

3)涂膜收头应用防水涂料多遍涂刷或用密封材料封严。

4)在天沟、檐沟与细石混凝土防水层的交接处,应留凹槽并用密封材料嵌填严密。

5)檐口的防水构造应符合下列要求：

(A)铺贴檐口800mm范围内的卷材应采取满粘法；

(B)卷材收头应压入凹槽,采用金属压条钉压,并用密封材料封口；

(C)涂膜收头应用防水涂料多遍涂刷或用密封材料封严；

(D)檐口下端应抹出鹰嘴和滴水槽。

6)女儿墙泛水的防水构造应符合下列要求：

(A)铺贴泛水处的卷材应采取满粘法；

(B)砖墙上的卷材收头可直接铺压在女儿墙压顶下,压顶应做防水处理。也可压入砖墙凹槽内固定密封,凹槽距屋面找平层不应小于250mm,凹槽上部的墙体应做防水处理；

(C) 涂膜防水层应直接涂刷至女儿墙的压顶下，收头处理应用防水涂料多遍涂刷封严，压顶应做防水处理；

(D) 混凝土墙上的卷材收头应采用金属压条钉压，并用密封材料封严。

7) 水落口的防水构造应符合下列要求：

(A) 水落口杯上口的标高应设置在沟底的最低处；

(B) 防水层贴入水落口杯内不应小于 50mm；

(C) 水落口周围直径 500mm 范围内的坡度不应小于 5%，并采用防水涂料或密封材料涂封，其厚度不应小于 2mm；

(D) 水落口杯与基层接触处应留宽 20mm、深 20mm 凹槽，并嵌填密封材料。

8) 变形缝的防水构造应符合下列要求：

(A) 变形缝的泛水高度不应小于 250mm；

(B) 防水层应铺贴到变形缝两侧砌体的上部；

(C) 变形缝内应填充聚苯乙烯泡沫塑料，上部填放衬垫材料，并用卷材封盖；

(D) 变形缝顶部应加扣混凝土或金属盖板，混凝土盖板的接缝应用密封材料嵌填。

9) 伸出屋面管道的防水构造应符合下列要求：

(A) 管道根部直径 500mm 范围内，找平层应抹出高度不小于 30mm 的圆台；

(B) 管道周围与找平层或细石混凝土防水层之间，应预留 20mm×20mm 的凹槽，并用密封材料嵌填严密；

(C) 管道根部四周应增设附加层，宽度和高度均不应小于 300mm；

(D) 管道上的防水层收头处应用金属箍紧固，并用密封材料封严。

二、主控项目

(1) 天沟、檐沟的排水坡度，必须符合设计要求。

检验方法：用水平仪（水平尺）、拉线和尺量检查。

(2) 天沟、檐沟、檐口、水落口、泛水、变形缝和伸出屋面管道的防水构造，必须符合设计要求。

检验方法：观察检查和检查隐蔽工程验收记录。

第六节 分部工程验收

屋面工程施工应按工序或分项工程进行验收，构成分项工程的各检验批应符合相应质量标准的规定。

一、屋面工程验收的文件和记录应按表 7-6 要求执行

二、屋面工程隐蔽验收记录应包括以下主要内容

(1) 卷材、涂膜防水层的基层。

(2) 密封防水处理部位。

(3) 天沟、檐沟、泛水和变形缝等细部做法。

(4) 卷材、涂膜防水层的搭接宽度和附加层。

(5) 刚性保护层与卷材、涂膜防水层之间设置的隔离层。

屋面工程验收的文件和记录 表7-6

序号	项目	文件和记录
1	防水设计	设计图纸及会审记录、设计变更通知单和材料代用核定单
2	施工方案	施工方法、技术措施、质量保证措施
3	技术交底记录	施工操作要求及注意事项
4	材料质量证明文件	出厂合格证、质量检验报告和试验报告
5	中间检查记录	分项工程质量验收记录、隐蔽工程验收记录、施工检验记录、淋水或蓄水检验记录
6	施工日志	逐日施工情况
7	工程检验记录	抽样质量检验及观察检查
8	其他技术资料	事故处理报告、技术总结

三、屋面工程质量应符合下列要求

（1）防水层不得有渗漏或积水现象。

（2）使用的材料应符合设计要求和质量标准的规定。

（3）找平层表面应平整，不得有酥松、起砂、起皮现象。

（4）保温层的厚度、含水率和表观密度应符合设计要求。

（5）天沟、檐沟、泛水和变形缝等构造，应符合设计要求。

（6）卷材铺贴方法和搭接顺序应符合设计要求，搭接宽度正确，接缝严密，不得有皱折、鼓泡和翘边现象。

（7）涂膜防水层的厚度应符合设计要求，涂层无裂纹、皱折、流淌、鼓泡和露胎体现象。

（8）刚性防水层表面应平整、压光，不起砂，不起皮，不开裂。分格缝应平直，位置正确。

（9）嵌缝密封材料应与两侧基层粘牢，密封部位光滑、平直，不得有开裂、鼓泡、下塌现象。

（10）平瓦屋面的基层应平整、牢固，瓦片排列整齐、平直，搭接合理，接缝严密，不得有残缺瓦片。

四、检查屋面

检查屋面有无渗漏、积水和排水系统是否畅通，应在雨后或持续淋水2h后进行。有可能作蓄水检验的屋面，其蓄水时间不应少于24h。

五、填写验收记录

屋面工程验收后，应填写分部工程质量验收记录，交建设单位和施工单位存档。

复习思考题

1. 为什么屋面工程必须按工序、层次进行检查验收？
2. 屋面工程中各分项工程施工质量检验批的抽查数量如何确定？细部构造全部进行检查的目的是什么？质量标准有哪些？
3. 砂浆找平层分隔缝应如何设置？
4. 怎样控制保温材料的含水率？

5. 卷材防水搭接缝的粘结质量有哪几个关键指标？施工时应怎样控制？
6. 如何检验屋面有无渗漏和积水？判定排水系统通畅的条件有哪些？
7. 排气屋面的排气通道应如何设置？应满足哪些质量要求？
8. 天沟、檐沟、泛水和涂膜防水层的收头处理应满足哪些要求？
9. 为什么要控制细石混凝土防水层中水泥的品种？应采取哪些措施和办法？
10. 为什么在天沟、檐沟及屋面交接处须做附加防水层？附加防水层的质量标准有哪些？
11. 屋面防水工程施工哪些分项工程必须做隐蔽验收？

参 考 文 献

1. 吴松勤．建筑工程施工质量验收规范应用讲座．北京：中国建筑工业出版社，2003
2. 刘军．建筑工程质量控制与验收．北京：中国建筑工业出版社，2002